AF316454

GUIDE

DU

CONSTRUCTEUR

PRIX

APPLICABLES AUX TRAVAUX DE BATIMENTS

exécutés dans la ville de Bordeaux

comprenant

LA TERRASSE, LA MAÇONNERIE,
LA PLATRERIE, LE CARRELAGE ET LE PAVAGE, L'ASPHALTE, LA CHARPENTE,
LA COUVERTURE ET LA ZINGUERIE, LA MENUISERIE, LA SERRURERIE, LA FUMISTERIE,
LA VITRERIE, LA MARBRERIE, LA PEINTURE, LA DORURE,
LA TENTURE, LA MIROITERIE;

PAR DUFFAU,

COMPTABLE DE TRAVAUX PUBLICS.

Prix : 7 francs.

BORDEAUX

IMPRIMERIE G. GOUNOUILHOU
ancien hôtel de l'Archevêché (entrée rue Guiraude, 11).

1860

Tout exemplaire non revêtu de ma signature sera réputé contrefait.

TABLE DES MATIÈRES.

ABRÉVIATIONS.

m. l...................... mètre linéaire.
m. s...................... mètre superficiel.
m. c...................... mètre cube.
le %..................... le cent.
le %o.................... le mille.

Observations générales. — Les prix de règlement se composent : 1° des débours pour la main-d'œuvre et pour les fournitures ; 2° des faux frais appliqués à la main-d'œuvre seulement ; 3° du bénéfice appliqué aux prix de la main-d'œuvre et des fournitures, et aux faux frais.

ERRATA.

Page 8, art. 57..... 0,02 à 0,25, lisez : 0,02 à *0,025*.
Page 13, art. 173..... graviers, lisez : *gravois*.
        art.   2..... 0,25 × 0,12 × 0,13, lisez : 0,25 × 0,12 × *0,03*.
        art.   3..... 0,25 × 0,12 × 0,45, lisez : 0,25 × 0,12 × *0,045*.
Page 15, art. 31..... $^{0,04}/_{0,07}$, lisez : $^{0,04}/_{0,007}$.
        art. 32..... les %o k., lisez : les % k.
Page 17, art. 35..... forme de sable de 0,18, lisez : forme de sable de *0,10*.
Page 27, art. 110..... 0,08 × 0,08, lisez : 0,08 × *0,03*.

GUIDE

DU CONSTRUCTEUR.

TERRASSEMENTS.

C

1. **Charge en brouette** de déblais de toute espèce, ou jet à la pelle, à 1^{m}60 de hauteur verticale ou à 4^{m}00 de distance horizontale.........................m.c.   0^f 12

2. **Cassage de moellons** pour chaussée devant passer en tous sens dans un anneau de 0^{m}10, compris emmétrage.......................................m.c.   1 20

3. Id. id., de 0,06........................... id.   2 50

4. Id. id., de 0,05............................. id.   3 00

D

Déblais (voyez fouilles et transports).

5. **Dressement** de talus.........................m.s.   0 05

E

6. **Emmétrage** de moellons bruts ou cassés..........m.c.   0 15

7. **Empierrement** en moellons cassés, une couche de 0,15 d'épaisseur à l'anneau de 0,10, une couche de 0,05 à l'anneau de 0,06, et une couche de sable de 0,03 pour façon seulement.......................m.s.   0 70

F

8. **Fouille** et jet sur berge de déblais de 1re espèce, sable, terres végétales, argiles, terres fortes et pierreuses..m.c.   0 25

9. FOUILLE et jet sur berge de déblais de 2ᵉ espèce, glaises, compactes, tufs et calcaires tendres......m.c.   0ᶠ 40

10. Id. de 3ᵉ espèce, rochers à la pince............ id.   1 00

11. Id. de 4ᵉ espèce, rochers à la mine............. id.   2 75

12. Id. avec étrésillonnement (plus-value)........... id.   0 05

J

13. JOURNÉE de manœuvre ordinaire....................   2 50

14.   Id.   de fort manœuvre et de charretier..........   2 75

15.   Id.   de voiture ou de tombereau, à un collier, conducteur compris...............................   8 00

P

16. Pilonnage de terre avec nivellement.............m.c.   0 15

R

17. RÉGALAGE de terre et sable.....................m.c.   0 03

18. REPIQUAGE de terre jusqu'à 0,20................. id.   0 06

19. REPRISE de déblais de toute espèce, chargés en brouette ou mis en dépôt..........................m.c.   0 12

T

20. TRANSPORT à la brouette, à un relai de 30ᵐ, de déblais de toute espèce........................m.c.   0 11

21. TRANSPORT au tombereau, à un relai de 100ᵐ......m.c.   0 33

22. Chaque relai en sus........................... id.   0 11

MAÇONNERIE.

A

1. ABATTAGE DE CHANFREINS, en sous-œuvre, en pierre dure.......................................m.l.   0 50

2. ATRE de cheminée en carreaux de Gironde...... pièce.   2 50

B

3. BRIQUES ordin.^{res} simples (0,25 × 0,12 × 0,03)...le %/₀₀. 27ᶠ 50
4. Id. doubles (0,25 × 0,12 × 0,045)........ id. 48 40
5. Id. réfractaires (0,22 × 0,11 × 0,06)....... id. 82 50
6. Id. semi-réfractaires (0,26 × 0,124 × 0,061). id. 82 50
7. BLANCHISSAGE au lait de chaux, une couche sans colle. m. s. 0 05
8. Chaque couche supplémentaire...... id. 0 03
9. BLANCHISSAGE au lait de chaux, une couche à la colle. id. 0 08
10. Chaque couche supplémentaire...... id. 0 04
11. BÉTON, avec mortier de chaux hydraulique des environs de Bordeaux, et grosse grave................m. c. 14 05
12. Id. chaux hydraulique d'Echoisy, et grosse grave... id. 15 45

C

13. CHAUX vive ordinaire........................m. c. 22 00
14. Id. hydraulique des environs de Bordeaux..les %/₀₀ k. 27 50
15. Id. hydraulique d'Echoisy.................. id. 36 30
16. Id. ordinaire en pâte.................m. c. 12 00
17. CIMENT de tuileaux........................... id. 18 00
18. CIMENT de Vassy.........................les %/₀₀ k. 130 00
19. Id. de Portland........................... id. 95 00
20. Id. de Boulogne....................... id. 85 00
21. CARREAUX en faïence pour fourneaux de cuisine, de 0ˈ¹¹/₀₁₁..................................le %/₀. 13 00
22. Id. mis en place........................... id. 20 00
23. CRÉPIS à une couche, en mortier de chaux ordinaire, sur vieux murs, piquage du mur compris..........m. s. 0 50
24. Id. sur murs neufs........................... id. 0 35
25. Chaque couche en sus............. id. 0 20
26. CRÉPIS à une couche, en mortier de chaux hydrauli-que, sur murs vieux, piquage du mur compris....m. s. 0 60
27. Id. sur murs neufs........................... id. 0 45
28. Chaque couche en sus.............. id. 0 25
29. CHAPE en mortier de chaux ordinaire, de 0,02 d'épais-seur.....................................m. s. 0 67
30. Id. 0,03.................................... id. 0 90
31. Id. 0,05.................................... id. 1 22
32. Id. en mortier de chaux hydraulique, de 0,02..... id. 0ᶠ 79

33. Chape en mortier de chaux hydraulique, de 0,03...m.s.   1ᶠ 08
34. Id.   id.   0,05.. id.   1 52
35. Conduits de ventilation ou de descente des lieux
    d'aisances, en place, de 0,08 de diamètre.......m.l.   1 05
36. Id.   id.   0,11   id.......... id.   1 45
37. Id.   id.   0,17   id.......... id.   2 50
38. Id.   id.   0,22   id.......... id.   3 30

D

39. Démolitions, compris triage des matériaux, de murs en
    moellons, soit en fondations, soit en élévation...m.c.   1 50
40. Id. en moellons pour percement.................. id.   2 00
41. Id. de murs en demi-parpaing...................m.s.   » 30
42. Id. de maçonnerie de pierre de taille (la pierre descen-
    due avec soin).............................m.c.   2 00
43. Id. de maçonnerie de briques....................m.c.   2 00
44. Id.   id.   pour percement......m.c.   2 50
45. Id. de cloisons en briques...................... id.   0 20
46. Décrottage de briques après démolition........le %₀₀   3 00
47. Denticules ordinaires dans la pierre tendre.....pièce.   0 06
48.   Id.   avec langue de chat................. id.   0 10
49. Dalles en ciment pour urinoirs de 0,20 de largeur sur
    0,12 de hauteur, en place...................m.l.   4 60

E

50. Enduits en mortier de chaux ordinaire sur crépi poli au
    bouclier...................................m.s.   0 60
51. Id. mortier de chaux hydraulique............... id.   0 80
52. Enduit tyrolien, à 2 couches, de 0,015.......... id.   1 50
53.   Id.   à 3 couches, de 0,02........... id.   1 65
54. Enduits en ciment de Portland, de 0,015........ id.   2 90
55. Id. pour façon seulement....................... id.   0 92
56. Évier en pierre dure (0,45 × 0,95 × 0,20), compris
    toutes tailles, en place...................pièce.   18 95
57. Entailles en sous-œuvre, en pierre dure, de 0,02 à
    0,25 de surface............................pièce.   0 50
58. Id. de 0,03 à 0,06............................. id.   0 75
59. Id. en sous-œuvre, en pierre tendre, de 0,025 à 0,04
    de surface sur 0,10 à 0,15 de profondeur.....pièce.   0 50

F

60. FOYERS de cheminée à compartiments, frise de 0,30 à 0,35, les carreaux posés sur mortier de chaux hydraulique . . . . .m.l.   5ʳ 00

61. Id. de cheminée en briques à plat, hourdées en plâtre . . . . .m.s.   7 00

62. FOURNEAU de cuisine à deux réchauds, construit en briques, compris fers et fontes, et revêtement de mur en carreaux en faïence. . . . . .pièce.   20 00

63. Id.   id. construit en pierre tendre. . . . . id.   25 00

64. FEUILLURES pour dormants de portes, en pierre dure .m.l.   0 90

65. Id.   id.   en pierre tendre.   id.   0 30

G

66. GRAVIER rendu à pied d'œuvre et cassé, d'une grosseur telle qu'aucun fragment ne puisse passer dans un anneau de 0,05 . . . . .m. c.   3 00

67. GAINES de cheminées en briques à plat. . . . . .m.s.   6 50

68. GARNISSAGE de rainures d'anciennes cloisons et raccords de plafonds. . . . . .m.l.   0 25

69. GAINES de cheminées en pierre de Langoiran. . . . . . . id.   6 70

70. GARNISSAGE de menuiserie. . . . . id.   0 12

J

71. JOURNÉE de manœuvre ordinaire. 2 50

72. Id.   de fort manœuvre et de charretier. 2 75

73. Id.   de bardeur et monteur.   4 00

74. Id.   de maçon et tailleur de pierres. 4 00

75. Id.   de voiture ou tombereau à un collier, conducteur compris. 8 00

76. JOINTOIEMENT sur maçonnerie de moellons, avec mortier de chaux grasse. . . . . .m.s.   0 40

77. Id.   briques   id. . . . . id.   0 45

78. Id. sur maçonnerie de moellons, avec mortier de chaux hydraulique . . . . .m.s.   0 55

79. Id. sur maçonnerie de briques, avec mortier de chaux hydraulique. . . . . .m.s.   0 65

M

106. **Maçonnerie** de pierre de taille de Saint-Macaire et mortier n° 3 .... m. c.   50 37
107. Plus-value pour pierre de taille d'appareil .... id.   10 00
108. **Maçonnerie** de pierre de taille d'Angoulême et mortier n° 1 .... m. c.   43 57
109. Id.   id.   et mortier n° 2 .... id.   44 12
110. Id.   id.   et mortier n° 3 .... id.   44 37
111. Id. de pierre de taille de Langoiran, compris toute taille, sauf les moulures, et mortier n° 1 .... m. c.   23 55
112. Id.   id.   et mortier n° 2 .... id.   24 10
113. Id.   id.   et mortier n° 3 .... id.   24 85
114. Id. de moell^ns piqués, en pierre dure, et mortier n° 2, id.   33 82
115. Id.   id.   et mortier n° 3 .... id.   34 33
116. Id. de pierre de Bourg, de 0,13 d'épaisseur (demi-parpaing) .... m. s.   5 74
117. Id.   id.   de 0,28 d'épaisseur (parpaing). id.   9 53
118. Id. de briques simples, et mortier n° 1 .... m. c.   37 43
119. Id. pour façon et fourniture de mortier .... id.   12 88
120. Id. et mortier n° 2 .... id.   38 88
121. Id. pour façon et mortier .... id.   13 78
122. Id. et mortier n° 3 .... id.   39 30
123. Id. pour façon et mortier .... id.   14 59
124. Id. de briques doubles et mortier n° 1 .... id.   42 49
125. Id. pour façon et fourniture de mortier .... id.   12 09
126. Id. et mortier n° 2 .... id.   43 62
127. Id. pour façon et mortier .... id.   13 22
128. Id. et mortier n° 3 .... id.   44 11
129. Id. pour façon et mortier .... id.   13 71
130. Plus-value pour mêmes maçonneries en voûtes ...... id.   1 20
131. Plus-value pour remplissage de pans de bois avec taille de la brique .... m. c.   4 55
132. **Maçonnerie** de briques réfractaires et mortier n° 2. id.   70 38
133.   Id.   id.   et mortier n° 3. id.   70 83
134. Id. de briques demi-réfractaires et mortier n° 2. id.   57 91
135. Id.   id.   et mortier n° 3. id.   58 28
136. **Marches** d'escalier à l'anglaise, en pierre dure, 1er choix des carrières de Barsac, en place .... m. l.   10 70
137. **Mastic** d'Hil .... k.   0 45
138. **Mitre** en terre cuite jusqu'à 0,18 de diamètre, pour fourniture .... pièce.   1 70

139. Mitre en terre cuite jusqu'à 0,18 de diamètre, pour
fourniture, compris pose et salins...........pièce.   3ʳ 00

Nota. La pierre de taille sera mesurée suivant l'épannelage donné par
l'architecte.

P

140. Pierre de Bourg (doublerons)................le %   137 50
141. Id. d'Angoulême ....m.c.   34 00
142. Id. dure de Saint-Macaire, Barsac, Preignac, etc.(doublerons)..................................m.c.   41 00
143. Id. tendre de Langoiran. Paillet, etc. (doublerons), le %   88 00
144. Pots creux pour planchers de 0,10 à 0,12 de haut. le %₀₀   70 00
145. Id. en terre cuite, vernissés à l'intérieur, de
0,08 de diamètre.......m.l.   0 55
146. Id.   id.   0,11 ,.............. id.   0 85
147. Id.   id.   0,13 .... id.   1 15
148. Id.   id.   0,14 .... id.   1 45
149. Id.   id.   0,17 .... id.   1 80
150. Id.   id.   0,22 .... id.   2 50
151. Parements vus de pierre tendre de Bourg et Langoiran,
pour moulures, corniches et entablements.....m.s.   3 50
152. Id. vus de pierre dure, rustiques entre ciselure... id.   6 18
153. Id.   id., layés et ripés............... id.   7 33
154. Id. vus de pierre de taille d'Angoulême......... id.   3 00
155. Id. vus de moellons à joints incertains, rejointoyés et
lissés au fer.................................m.s.   2 00
156. Id. vus de moellons smillés................... id.   1 00
157. Id. vus circulaires (un tiers en sus)............... Observ.
158. Percement de puits, quelle que soit la profondeur (ter-
rain de première espèce)...................m.l.   10 00
Parpaing (voyez Maçonnerie).

R

Renformis (voyez Chape).
159. Ravalement, ragrément et rejointoiement de parement
de briques lissés au fer....................m.s.   1 50
160. Id. et rejointement de maçonnerie de pierre tendre de
Langoiran et Bourg, en parties planes.......m.s.   0 35
Rejointoiement (voyez Jointoiement).

161. **Revêtement de puits** en pierre de Langoiran.....m.l. 40ᶠ 00
162. **Rouet** en bois de pin, de 0,16 × 0,32 et 2,00 de dia-
    mètre ....pièce. 25 00
163. **Rumfort** de cheminée ordinaire en briques réfractaires,
    contre-cœur, plaque de ventouse sur une barre de fer
    et plaque en fonte de 20 k...............pièce. 25 00
164. Id.   id. en briques à plat................. id. 14 00

S

165. **Sable** parfaitement pur......................m. c.   1 60
166. **Scellement** en mortier, de pièces de charpente de $^{0,25}/_{25}$
    d'équarrissage..........................pièce.   0 55
167. Id. en plâtre pour gros fers de 0,15 de profondeur. id.   0 40
168. Id. au-dessous de 0,15 jusqu'à 0,08........... id.   0 30
169. Id. au-dessous de 0,08 .... id.   0 20

T

170. **Trous** d'ancres et boulons dans la pierre tendre...m.l.   1 80
171. Id. et scellement de crampons en fer pour monter sur
    les souches de cheminées.................pièce.   0 27
172. **Terre** réfractaire.........................m.c.   9 00
173. **Transport** de graviers aux décharges publiques. id.   0 75

PLATRERIE.

A

1. **Atre** de cheminée en carreaux de Gironde..........   2 50

B

2. **Briques** ordʳᵉˢ simples (0,25 × 0,12 × 0,13)...le %₀₀. 27 50
3. Id.   id.   doubles (0,25 × 0,12 × 0,45)..   id. 48 40
4. Id. ordinaires simples percées de 3 trous (0,24 ×
    0,12 × 0,03)..........................le %₀₀. 30 25
5. Id. ordinaires doubles percées de 2 trous (0,22 ×
    0,11 × 0,055..........................le %₀₀. 44 00

6. Bʀɪǫᴜᴇs ordinaires doubles percées de 4 trous (0,23 × 0,11 × 0,05)..........................le %/ₒₒ. 55ᶠ 00

C

7. Cʟᴏɪsᴏɴs en briques ordinaires simples ....-..m.s. 1 27
8. Id. la brique fournie........................ id. 0 39
9. Id. en briques ordinaires doubles............... id. 2 18
10. Id. la brique fournie........................ id. 0 63
11. Cᴏʀɴɪᴄʜᴇs en plâtre (profil développé)......... id. 6 00
12. Cʟᴏɪsᴏɴs sourdes en briques simples percées de 3 trous.....................................m.s. 1 40
13. Id. la brique fournie........................ id. 0 45
14. Id. sourdes en briques doubles percées de 2 trous. id. 2 42
15. Id.   id.   percées de 4 trous. id. 2 79
16. Id. la brique fournie .... id. 0 70

D

17. Dᴇɴᴛɪᴄᴜʟᴇs ordinaires jusqu'à 0,06 sur plâtre...pièce. 0,02
18. Id.   id.   avec langue de chat. id. 0,04
19. Dᴇ́ᴍᴏʟɪᴛɪᴏɴs de cloisons en briques............m.s. 0 20
20. Dᴇ́ᴄʀᴏᴛᴛᴀɢᴇ de la brique après démolition......le %/ₒₒ. 3 00

E

21. Eɴᴅᴜɪᴛs en plâtre gris pour 1ʳᵉ couche, de 0,005 à 0,006 d'épaisseur........................m.s. 0 35
22. Id.   id.   pour 2ᵉ couche, de 0,005......... id. 0 27
23. Id. en plâtre blanc pour 2ᵉ couche, de 0,004 à 0,005 d'épaisseur ....m.s. 0,38
24. Id. sur lattis à 2 couches, la 2ᵉ couche propre à recevoir un enduit bitumineux...............m.s. 1 70
25. Id. en plâtre jaune, 1 couche................ id. 0 45

F

26. Fᴏᴜʀɴᴇᴀᴜ de cuisine à 2 réchauds, construit en briques, compris fers et fonte, et revêtement des murs en carreaux en faïence.........................pièce. 20 00
27. Fᴏʏᴇʀ de cheminée en briques à plat..........m.s. 7 00

G

28. Garnissage de menuiseries.....................m.l. 0f 12

J

29. Journée de plâtrier........................... 4 00
30. Id. d'aide................................... 2 50

L

31. Lattis en nerva pour plafond, de 2^m00 sur $^{0,04}/_{0,07}$ le %. 6 16

P

32. Platre gris............................les $^0/_{00}$ k. 4 62
33. Id. blanc................................... id. 5 72
34. Plafond de 0,012 d'épaisseur en plâtre gris, enduit en
plâtre blanc, compris lattis espacés de 0,01....m.s. 2 05
35. Par chaque millim. d'épaisseur en plus ou en moins id. 0 05
36. Id.   id.   sur vieux lattis................. id. 1 41
37. Id. réenduit, 1 couche....................... id. 0 50
38. Plinthes en plâtre aluné de 0,18 de hauteur, avec
moulures.................................m.l. 1 40
39. Id. de 0,14 de hauteur...................... id. 1 10
40. Id. en plâtre aluné, rampant, de 0,19, avec moulures. id. 2 70

R

41. Rumfort de cheminée ordinaire en briques réfractaires,
contre-cœur, plaqué de ventouse sur une barre de fer,
et plaque en fonte de 20 k...............pièce 25 00
42. Id. en briques à plat, id..................... id. 14 00

CARRELAGE ET PAVAGE.

A

1. Atre de cheminée en carreaux de Gironde....pièce. 2 50

B

2. Bordures droites, seuils et marches en granit, de $^{0,25}/_{0,22}$, compris taille ....m. l.   7^f 25

3. Id.   id.   de $^{0,30}/_{0,22}$ .... id.   8 10

C

4. Carreaux de terre cuite, bruts, de $^{0,33}/_{0,33} \times 0,023$, le %   15 00

5. Id.   id.   taillés, $0,33 \times 033 \times 0,023$, id.   24 00

6. Carrelage en dalles dures de Barsac, sur mortier de chaux ordinaire........................ m. s.   8 60

7. Id.   id.   mortier de chaux hydraulique.   id.   8 84

8. Id. les dalles fournies et mortier ordinaire....... id.   1 29

9. Id.   id.   mortier hydraulique.......... id.   1 53

10. Id. en petites dalles dures de Bergerac, sur mortier de chaux hydraulique........................ m. s.   10 45

11. Id.   id.   grandes, et mortier hydraulique.... id.   12 65

12. Id. en granit, sur mortier de chaux hydraulique, compris rejointoiement en ciment de Vassy....... m. s.   15 35

13. Id. en briques doubles posées de champ sur mortier de chaux ordinaire........................ m. s.   5 75

14. Id.   id.   mortier hydraulique.............. id.   6 07

15. Id. la brique fournie, et mortier de chaux ordin^{re}.   id.   1 88

16. Id   id.   mortier de chaux hydraulique...... id.   2 20

17. Id. en carreaux de Gironde, bruts, sur mortier de chaux ordinaire .... m. s.   2 79

18. Id.   id.   taillés et posés à damier, sur mortier de chaux ordinaire........................ m. s.   4 29

19. Id. sur mortier de chaux hydraulique, en plus par m. s.   0 25

D

20. Dalles (petites), dures, de Barsac, taille comprise, m. s.   6 55

21. Id. en granit, compris taille .... id.   14 65

     Dallage (voyez Carrelage).

22. Décarrelage .... id.   0 10

23. Décrottage de carreaux................... le %o   3 50

F

24. FOYER de cheminée, à compartiments, frise de 0,30 à 0,35,
les carreaux posés sur mortier de chaux hydraul. m. l.   5ᶠ 00
25. Id. de cheminée, en carreaux de Gironde........pièce   2 50

J

26. JOURNÉE de carreleur, ou paveur..................   4 00
27. Id. de garçon.................................   2 50

M

MARCHES (voyez Bordures).
28. MOELLONS durs, smillés et échantillonnés, de 0,16 à 0,22
de tête et 0,20 de queue...................m. s.   3 65

P

29. PAVÉS de grès de Bergerac, 1ᵉʳ choix...........le %   28 60
30. Id. id. de 0,10 à 0,12 de tête et 0,08 à 0,10 de queue. id.   7 45
31. PAVAGE en moellons durs, smillés et échantillonnés sur
forme de sable de 0,10, préparation de la forme et
transport des déblais à un relai..............m. s.   4 45
32. Id. id. les moellons fournis............. id.   1 00
33. Id. en moellons smillés sur mortier de chaux hydraulique
et forme de sable de 0,10, compris préparation de
la forme, et transport des déblais à un relai...m. s.   5 15
34. Id. id. les moellons fournis............. id.   1 70
35. Id. en pavés de grès de Bergerac, sur forme de sable
de 0,18, compris préparation de la forme, et transport des déblais à un relai.................m. s.   7 00
36. Id. id. les pavés fournis............... Id.   1 00
37. Id. en pavés de grès de Bergerac, sur mortier hydraulique, et forme de sable de 0,10, compris préparation
de la forme, et transport des déblais à un relai. m. s.   7 70
38. Id. id. les pavés fournis............... id.   1 70
39. Id. en pavés de grès de Bergerac, de 0,10 à 0,12 de
tête et 0,08 à 0,10 de queue, sur mortier de chaux

hydraulique, et forme de sable de 0,10, compris préparation de la forme, et transport des déblais à un
relai .... m. s.   7^f 25

40. Pavage   id.   les pavés fournis............... id.   1 90

S

. Seuils (voyez Bordures).

ASPHALTE.

A

1. Asphalte .... les % k.   12 80

B

2. Béton avec mortier de chaux hydraulique des environs
     de Bordeaux, et grosse grave (béton n° 1)....m. c.   14 05
3. Id. avec mortier de chaux hydr. d'Échoisy (bét. n°2)   id.   15 45
4. Bitume minéral raffiné......................... k.   0 40
5. Id. factice .... les % k.   7 00

C

6. Chape en mortier de chaux hydraulique, de 0,02, m. s.   0 79
7. Id.   id.   de 0,03,   id.   1 08
8. Id.   id.   de 0,05,   id.   1 52

D

9. Dallage en bitume factice, de 0,015, sur une couche
     de béton n° 1, de 0,10 d'épaisseur........... m. s.   3 96
10. Id.   id.   avec béton n° 2................ id.   4 10
11. Id. sur chape en mortier hydr., de 0,02 d'épaiss.   id.   3 34
12. Id.   id.   de 0,03   id.   3 63
13. Id.   id.   de 0,05   id.   4 07

14. **Dallage** en bitume factice, de 0,015 d'épaisseur, sans
   chape .... m.s.   2f 55

15. Id. en asphalte, de 0,015, sur une couche de béton n° 1,
   dè 0,10 d'épaisseur........................ m.s.   5 12

16. Id. avec béton n° 2............................ id.   5 26

17. Id. en asphalte, pour application, compris combustible,
   gravier, goudron et outils.................. m.s.   1 15

18. Id. en asphalte, de 0,015 d'épaisseur, sur chape en
   mortier hydraulique, de 0,02 d'épaisseur..... m.s.   4 50

19. Id.   id.   de 0,03   id.   ..... id.   4 79

20. Id.   , id.   de 0,05   id.   ..... id.   5 23

21. Id. en asphalte, de 0,015, sans chape........... id.   3 71

J

22. **Journée** d'applicateur de l'asphalte................   4 00

23. Id. aide..   2 50

24. **Joints** de pavés en asphalte, ayant de 0,01 à 0,012 de
   largeur et 0,03 à 0,04 de profondeur, pour pavés
   de 0,18 à 0,22 de côté.................... m.s.   3 95

25. Id.   id.   ayant de 0,01 à 0,012 de largeur et 0,03
   à 0,04 de profondeur, pour pavés de 0,10 à 0,12 de
   côté .... m.s.   6 85

26. Id. de pavés en bitume factice, ayant de 0,01 à 0,012
   de largeur et 0,03 à 0,04 de profondeur, pour pavés
   de 0,18 à 0,22 de côté.................... m.s.   3 05

27. Id. de pavés en bitume factice, ayant de 0,01 à 0,012
   de largeur et 0,03 à 0,04 de profondeur, pour pavés
   dé 0,10 à 0,12 de côté.................... m.s.   5 10

R

28. **Réfection** de dallage en asphalte, de 0,015, et chape
   en mortier de chaux hydraulique, de 0,02..... m.s.   1 77

29. Id.   id.   de 0,03..... id.   2 06

30. Id.   id.   de 0,05..... id.   2 50

CHARPENTE.

A

1. ASSEMBLAGES faits sur le tas : mortaises 0ᶠ 50
2.   tenons 0 40

B

3. BRULEMENT de poteaux de barrières . . . . pièce   0 50
4. BUCHEMENT sur le tas, et dressage de la surface à 0,03
     d'épaisseur . . . . m. s.   2 60
5. Id.   id.   chaque centimètre en plus . . . . id.   0 30
BARDAGE (voyez Menuiserie, Cloisons).

C

6. CHÊNE ordinaire du pays, grossièrement équarri, de toute
     grosseur . . . . m. c.   70 00
7. Id. de choix du pays, équarri à vive arête . . . .   id.   96 25
8. Id. du Nord . . . .   id.   134 75
9. CHARPENTE en chêne ordinaire du pays, grossièrement
     équarri, sans assemblages . . . . m. c.   87 50
10. Id.   id.   avec assemblages . . . .   id.   96 70
11. Id. en chêne de choix du pays, équarri à vive arête,
     sans assemblages . . . . m. c.   116 38
12. Id.   id.   avec assemblages . . . .   id.   125 58
13. Id.   id.   id.   bois refait sur les quatre faces . . . .   id.   137 58
14. Id.   id.   id.   refait avec chanfreins sur les arêtes.   id.   140 58
15. Id. en chêne pour façon, sans assemblages . . . . . .   id.   10 50
16. Id.   id.   avec assemblages . . . .   id.   19 70
17. Id.   id.   id.   bois refait sur les quatre faces . . . .   id.   31 70
18. Id.   id.   id.   refait avec chanfreins sur les arêtes.   id.   34 70
19. Id. en sapin de nerva, à vive arête, de toute grosseur,
     sans assemblages . . . . m. c.   90 96
20. Id.   id.   avec assemblages . . . .   id.   100 16
21. Id.   id.   id.   bois refait sur les quatre faces . . . .   id.   108 16
22. Id.   id.   id.   refait avec chanfreins . . . .   id.   110 16

23. **Charpente** en pin du pays, grossièrement équarri, sans
     assemblages .... m. c.   54ᶠ 00
24. Id.   id.   avec assemblages................... id.   63 20
25. Id.   id.   à vive arête, sans assemblages........ id.   61 93
26. Id.   id.   id.   avec assemblages .... id.   71 13
27. Id.   id.   id.   bois refait sur les quatre faces.... id.   79 13
28. Id.   id.   id.   refait avec chanfreins sur les arêtes. id.   81 13
29. Id. en pin ou sapin, pour façon, sans assemblages. id.   10 50
30. Id.   id.   avec assemblages................... id.   19 70
31. Id.   id.   id.   bois refait sur les quatre faces.... id.   27 70
32. Id.   id.   id.   refait avec chanfreins sur les arêtes. id.   29 70
33. **Chanfreins** sur le tas....................... m. l.   0 35
34. **Coupement** sur le tas, à la scie, de chevrons..... pièce   0 05
35. Id.   id.   de solives et sablières........... id.   0 15
36. Id.   id.   d'enchevêtrures et chevêtres...... id.   0 30
37. Id.   id.   de poutres.................... id.   0 45
38. Id. à l'ébauchoir, le double des prix ci-dessus........ *Observ.*
39. **Chantignoles** .... pièce   0 45
40. Id. chantournées, à gorge .... id.   0 60
41. **Chantournement** (plus-value pour) de consoles, grand
     modèle................................. pièce   1 00
42. Id.   id.   moyen .... id.   0 75
43. Id.   id.   petit........................ id.   0 50

D

44. **Dépose** de charpente avec repérage des bois..... m. c.   5 00
45. Id. de bardage avec couvre-joints.............. m. s.   0 20
46. Id. de plancher, compris dépose de lambourdes... id.   0 20

E

Échantignoles (voyez Chantignoles).
47. **Entailles** sur le tas pour corbeau............. pièce   0 20
48. Id.   id.   pour étrier.............. id.   0 25
49. Id.   id.   pour panne.............. id.   0 25
50. **Étrésillons** en sapin, entre solives .... id.   0 25

F

51. **Feuillures** sur le tas....................... m. l.   0 50
     Fourrures (voyez Menuiserie).

J

52. Journée de charpentier		4ᶠ 00
53. Id. de scieur de long		4 00

M

54. Moulures sur chêne, droites, simples, sur le tas..	m. l.	0 45
55. Id. id. composées d'une doucine et d'un filet.	id.	1 00
56. Id. id. compos. de deux doucines et d'un filet.	id.	1 25
57. Id. sur sapin, droites, simples, sur le tas	id.	0 35
58. Id. id. composées d'une doucine et d'un filet.	id.	0 75
59. Id. id. compos. de deux doucines et d'un filet.	id.	1 00

P

60. Pin du pays, de toute grosseur, en grume.......	m. c.	28 80
61. Id. id. grossièrement équarri.	id.	39 60
62. Id. id. équarri à vive arête..	id.	46 75

S

63. Sapin ordinaire, de 0,12 à 0,28...............	m. c.	69 30
64. Id. id. de 0,28 et au-dessus..........	id.	77 00
65. Sciage sur bois dur, le mètre superficiel de trait de scie..		0 90
66. Id. sur bois tendre, id. id.		0 55

T

67. Trous de boulons, avec pose desdits (posés en sous-œuvre)..............................pièce		0 35
68. Taquets en sapin (0,15 × 0,08 × 0,05)........	id.	0 30
69. Id. id. (0,17 × 0,075).............	id.	0 35

COUVERTURE ET ZINGUERIE.

A

1. Ardoises modèle anglais, n° 1, de $^{0,64}/_{0,36}$........	le %	32 29
2. Id. id. n° 2, de 0,608 × 0,36.	id.	30 07

3. ARDOISES modèle anglais, n° 3, de $0,608 \times 0,304$. le %   25f 11
4. Id.   id.   n° 4, de $0.558 \times 0,279$. id.   19 98
5. Id.   id.   n° 5, de $0,508 \times 0,254$. id.   15 47
6. Id.   id.   n° 6, de $0,458 \times 0,254$. id.   13 86
7. Id. ordinaires, grandes carrées................le %o   47 75
8. Id.   id.   carrées fortes.................. id.   44 15
9. Id.   id.   carrées demi-fortes............ id.   35 95
10. Augmentation pour les ardoises modèle anglais, taillées
     en ogive...........................le %   1 65

C

11. COUVERTURE en tuilles creuses, non compris lattis, m. s.   2 00
12. Id.   id.   les tuiles fournies.............. id.   0 35
13. Id. en tuiles remaniées, compris nettoyage de la tuile   id.   0 40
14. CLOUS en cuivre rouge.......................le %o   10 00
15. Id. à ardoises ordinaires.................... id.   1 25
16. Id. à voliges............................. id.   3 30
17. COUVERTURE en ardoises, modèle angls, du n° 1 au n° 6   id.   4 80
18. Id.   id.   pour façon, compris clous en cuivre et
     points à voliges...........................m. s.   0 85
19. Id.   id.   modèle anglais, du n° 1 au n° 6, sur vo-
     lige demi-neuve et demi-reclouée...........m. s.   4 35
20. Id.   id.   sur volige vieille entièrnt reclouée.. id.   3 95
21. Id.   id.   sur volige vieille demi-reclouée... id.   3 85
22. Id.   id.   sur volige vieille non reclouée.... id.   3 75
23. Id.   id.   grandes carrées, sur volige....... id.   3 72
24. Id.   id.   carrées fortes,   id.   .... id.   3 85
25. Id.   id.   carrées demi-fortes, id.   .... id.   3 80
26. Id.   id.   grandes carrées, sur mur........ id.   2 98
27. Id.   id.   carrées fortes,   id.   .... id.   3 13
28. Id.   id.   carrées demi-fortes, id.   .... id.   3 11
29. Id.   id.   grandes carrées, sur volige demi-neuve
     et demi-reclouée..........................m. s.   3 27
30. Id.   id.   sur volige vieille entièrnt reclouée.. id.   2 82
31. Id.   id.   sur volige vieille moitié reclouée... id.   2 68
32. Id.   id.   sur volige vieille non reclouée..... id.   2 52
33. Id.   id.   carrées fortes, sur volige demi-neuve et
     demi reclouée............................m. s.   3 40
34. Id.   id.   sur volige vieille entièrnt reclouée.. id.   2 95

35. Couverture en ardoises, sur volige vieille demi-reclouée...................................... m.s. 2 80
36. Id.   id.   sur volige vieille non reclouée.... id. 2 63
37. Id.   id.   carrées demi-fortes, sur volige demi-
neuve et demi-reclouée..................... m.s. 3 35
38. Id.   id.   sur volige vieille entièr^{nt} reclouée.. id. 2 90
39. Id.   id.   sur volige vieille demi-reclouée... id. 2 74
40. Id.   id.   sur volige vieille non reclouée..... id. 2 57
41. Chassis à tabatière en fer, de 1,00 sur 0,75, avec dormant, petits bois, crémaillère, piton et mentonnet,
en place.................................. pièce 30 00
42. Charbon.................................... l'hect. 4 50
43. Crochets pour gouttières, de 0,25............. pièce 0 25
44. Id.   id.   de 0,28............. id. 0 30
45. Id.   id.   de 0,31............. id. 0 35
46. Colliers à pointe pour tuyaux de descente...... id. 0 25
47. Id. à vis ou à scellement.................... id. 0 60
Couverture en zinc (voyez Zinc).
48. Chapaudines soudées sur les tuyaux........... id. 0 50

D

49. Dépose de couverture en tuiles, compris descente et
rangement de la tuile..................... m.s. 0 09
50. Id. de couverture en ardoises, compris descente et rangement de l'ardoise....................... m.s. 0 12
51. Id.   id.   avec enlèvement du lattis........ id. 0 24
52. Dalles en zinc n° 12, de 0,25 de développement, compris crochets, en place.................... m.l. 2 24
53. Id. en zinc n° 13,   id.   id............. id. 2 39
54. Id. en zinc n° 14,   id.   id............. id. 2 54
55. Id. en zinc n° 12, de 0,28 de développement, compris
crochets, en place........................ m.l. 2 48
56. Id. en zinc n° 13,   id.   id............. id. 2 59
57. Id. en zinc n° 14,   id.   id............. id. 2 76
58. Id. en zinc n° 12, de 0,31 de développement, compris
crochets, en place........................ m.l. 2 60
59. Id. en zinc n° 13,   id.   id............. id. 2 79
60. Id. en zinc n° 14,   id.   id............. id. 2 97

61. **Dalles** pour façon, compris crochets et pose, de 0,25
   de développement...................... m l.   1ᶠ 15
62. Id.   id.   id.   de 0,28 de développement. id.   1 20
63. Id.   id.   id.   de 0,31 de développement. id.   1 25
64. **Dépose** de couverture en zinc, compˢ dévoligeage. m. s.   0 20

E

65. **Engravures** dans la pierre de Bourg........... m. l.   0 12
66. Id. dans la brique......................... id.   0 15
67. Id. dans la pierre de Saint-Macaire............. id.   0 25

F

68. **Fourrures** en sapin, de 0,05 × 0,03, pour couverture
   en zinc................................ m. l.   0 30
69. **Frises** ou socles en sapin brut, de 0,03 d'épaisseur,
   pour cheneaux et gouttières................ m. s.   3 77
70. Id. en pin brut, de 0,03   id.   id.......... id.   3 10
   Fraisette (voyez Crapaudine).

G

71. **Garnissage** au mastic Dill des engravures....... m. l.   0 15
   Gouttières (voyez Dalles).

J

72. **Journée** de couvreur en tuiles.....................   4 00
73. Id. d'aide...   2 50
74. Id. de couvreur en ardoises, compagnon............   4 50
75. Id. de garçon......................................   2 75
76. Id. de plombier ou zingueur.......................   4 00

L

77. **Lattis** en nerva, de 2ᵐ × 0,04 × 0,012........ le %   8 75

M

78. **Mitre** en grès ou terre cuite pour fourniture seulement................................. pièce   1 70

79. Mitre en grès ou terre cuite, pour fourniture pose et
     solins...pièce   3f 00
80. Moignons soudés aux cheneaux................... id.   0 40

P

81. Plomb en saumon pour fourniture............... k.   0 60
82. Id. laminé pour fourniture..................... id.   0 75
83. Id. id.   en œuvre pour ouvrage de combles... id.   0 90
84. Id. id.   pour façon........................ id.   0 15
85. Id. id.   refondu et remis en œuvre.......... id.   0 40
86. Pose et ajustement d'un châssis à tabatière...... pièce   0 90

R

Rainures (Voyez Engravures).
87. Repose de vieux tasseaux..................... m. l.   0,07

S

88. Soudure pour fourniture..................... k.   2 30
89. Solins en plâtre........................... m. l.   0 45
90. Scellement de crampons pour monter sur les souches
     de cheminées, compris trous............... pièce   0 25
91. Soufre pour scellement.................... k.   1 50
Socles (Voyez Frises).

T

92. Tuiles creuses......................... le %₀   5 00
93. Tuyaux de descente en zinc n° 12, de 0,08 de diamètre,
     compris crochets, en place................. m. l.   2 19
94. Id.   id.   zinc n° 13,   id.......... id.   2 34
95. Id.   id.   zinc n° 14,   id.......... id.   2 48
96. Id.   id.   zinc n° 12, de 0,09 de diamètre. com-
     pris crochets, en place................... m. l.   2 32
97. Id.   id.   zinc n° 13,   id.......... id.   2 48
98. Id.   id.   zinc n° 14,   id.......... id.   2 65
99. Id.   id.   zinc n° 12, de 0,10 de diamètre, com-
     pris crochets, en place................... m. l.   2 45

100. **Tuyaux** de descente en zinc n° 13, de 0,10 de diamètre, compris crochets, en place..................m. l.   2f 64
101. Id.   id.   n° 14,   id..............   id.   2 82
102. Plus-value pour les tuyaux fixés avec colliers à vis ou à scellement.........................par collier.   0,35
103. **Tasseaux** en sapin du Nord, en place, de 0,027.. m. l.   0 25
104. Id.   id.   id.   de 0,04...   id.   0 30
105. Id.   id.   id.   de 0,054..   id.   0 45
106. Id.   id.   id.   de $^{0,08}/_{0,11}$..   id.   0 85
107. Id.   id.   id.   de $^{0,09}/_{0,10}$..   id.   0 90
108. **Tuyaux** de descente en zinc pour façons, compris colliers et pose............................m. l.   1 15

V

109. **Voliges** en sapin du Nord, de 0,11 sur 0,015, pour couverture en ardoises ordinaires............m. l.   0 15
110. Id. taillées en sifflet, de 0,08 × 0,08, pour couverture en ardoises, modèle anglais.................m. l.   0 22
111. **Voligeage** en sapin du Nord de 0,015, à joints carrés, m. s.   2 14
112. Id. pour façon seulement, compris clous........   id.   0 54
113. Id. en sapin du Nord, de 0,012 à 0,015 d'épaisseur, blanchi d'un côté et rainé...................m. s.   3 11
114. Id.   id.   brut et rainé...................   id.   2 76
115. Id. en sapin du Nord, de 0,02 d'épaisseur, banchi d'un côté et rainé.............................m. s.   3 99
116. Id.   id.   brut et rainé..................   id.   3 64

Z

117. **Zinc** laminé pour fourniture...............les °/₀ k.   85 00
118. Id. fondu pour ornements, ajusté et mis en place. le k.   0 96
119. Id. pour couverture, pour toute main d'œuvre et soudures.......................................m. s.   0 95
120. Id. n° 12, mis en place, pour couverture, pour fourniture et main d'œuvre, mesuré en œuvre......m. s.   5 30
121. Id. n° 13,   id.   id....................   id.   5 91
122. Id. n° 14,   id.   id....................   id.   6 51
123. Id. n° 12, mis en place, pour bandes d'égout, bandes de rive, couvre-joints, noquets, etc., pour toute four-

niture et main d'œuvre (accessoires de couverture en ardoises), mesuré en œuvre................. m.s. 5ʳ 99

124. Zinc nᵒ 13,   id.   id.................... id.   6 63

125. Id.   nᵒ 14,   id.   id.................. id.   7 27

126. Id. pour bandes d'égoût, bandes de rive, couvre-joints, noquets, etc., pour toute main d'œuvre et soudures..m.s. 1 45

MENUISERIE.

A

1. Alaises et frises de parqᵉᵗˢ, sapin de 0,013 sur 0,10. m. l.   0 54

2. Id.   id.   de 0,027 sur 0,10.   id.   0 56

3. Id.   id.   de 0,034 sur 0,10.   id.   0 69

4. Id.   id.   de 0,041 sur 0,10.   id.   0 80

5. Id.   id.   de 0,054 sur 0,10.   id.   1 13

6. Id.   id.   chêne de 0,013 sur 0,10.   id.   0 79

7. Id.   id.   de 0,027 sur 0,10.   id.   0 86

8. Id.   id.   de 0,034 sur 0,10.   id.   1 17

9. Id.   id.   de 0,041 sur 0,10.   id.   1 29

10. Id.   id.   de 0,054 sur 0,10.   id.   1 76

11. Chaque centimètre en plus ou en moins, $1/15$ des prix ci-dessus.. 1/15

Accoudoirs en bois de chêne, profil à olive (Voyez Main-courante).

B

12. Blanchissage à la varlope ou au rabot sur bois dur, pour pièces de $0.10/0,10$ et au-dessus........... m. s.   0 50

13. Id. id. pour pièces au-dessous de $0,10/0,10$...... id.   0 60

14. Id. id. sur bois tendre pour pièces de $0,10/0,10$ et au-dessus................................... m.s.   0 30

15. Id. id. pour pièces au-dessous de $0,10/0,10$...... id.   0 35

16. Baguettes d'angle coupées d'onglet, ajustées et posées : sapin ou nerva de 0,015 de diamètre......... m.l.   0 25

17. Id.   id.   de 0,020   id............. id.   0 30

18. Id.   id.   de 0,025   id............. id.   0 35

19. Baguettes d'angle coupées d'onglet, ajustées et posées :
chêne de 0,015 de diamètre.................. m. l. 0ᶠ 35
20. Id. id. de 0,020 id................... id. 0 40
21. Id. id. de 0,025 id................... id. 0 50
22. Id. (demi) sapin de 0,015 de diamètre....... m. l. 0 20
23. Id. id. de 0,020 id........... id. 0 25
24. Id. id. de 0,025 id........... id. 0 30
25. Id. id. chêne de 0,015 id........... id. 0 30
26. Id. id. de 0,020 id........... id. 0 35
27. Id. id. de 0,025 id........... id. 0 40

Barre d'appui (voyez Main-courante).

28. Batis de tenture : sapin de 0,013 sur 0,10..... id. 0 50
29. Id. de 0,027 sur 0,10..... id. 0 56
30. Id. de 0,034 sur 0,10..... id. 0 63
31. Id. de 0,041 sur 0,10..... id. 0 69
32. Id. de 0,054 sur 0,10..... id. 0 75
33. Id. de 0,08 sur 0,10..... id. 1 07
34. Id. chêne de 0,013 sur 0,10..... id. 0 67
35. Id. de 0,027 sur 0,10..... id. 0 96
36. Id. de 0,034 sur 0,10..... id. 1 13
37. Id. de 0,041 sur 0,10..... id. 1 29
38. Id. de 0,054 sur 0,10..... id. 1 40
39. Id. de 0,08 sur 0,10..... id. 2 04
40. Chaque centimètre en plus ou en moins, $\frac{1}{15}$ des prix
ci-dessus 1/15

Batis à 3 ou 4 parements, feuillés, nervés (voyez
Huisseries).

Bordures (voyez Moulures figurant chambranle).

Batis pour cloisons à claire-voie, en place :

41. Id. Pin brut de 0,013 sur 0,10.............. m. l. 0 27
42. Id. de 0,027 sur 0,10.............. id. 0 31
43. Id. de 0,041 sur 0,10.............. id. 0 38
44. Id. de 0,054 sur 0,10.............. id. 0 53
45. Id. de 0,08 sur 0,10.............. id. 0 64
46. Id. Sapin brut de 0,013 sur 0,10.............. id. 0 41
47. Id. de 0,027 sur 0,10.............. id. 0 47
48. Id. de 0,034 sur 0,10.............. id. 0 52
49. Id. de 0,041 sur 0,10.............. id. 0 60
50. Id. de 0,054 sur 0,10.............. id. 0 65
51. Id. de 0,08 sur 9,10.............. id. 0 94

4

52. Pin corroyé   de 0,013 sur 0,10............... m. l.   0ʳ 35
53.   Id.   de 0,027 sur 0,10.............. id.   0 40
54.   Id.   de 0,041 sur 0,10.............. id.   0 47
55.   Id.   de 0,054 sur 0,10.............. id.   0 64
56.   Id.   de 0,08   sur 0,10.............. id.   0 77
57. Sapin corroyé de 0,013 sur 0,10.............. id.   0 50
58.   Id.   de 0,027 sur 0,10.............. id   0 56
59.   Id.   de 0,034 sur 0,10.............. id.   0 63
60.   Id.   de 0,041 sur 0,10.............. id.   0 69
61.   Id.   de 0,054 sur 0,10.............. id.   0 75
62.   Id.   de 0,08   sur 0,10.............. id.   1 07
63. Chaque centimètre en plus ou en moins $^1/_{15}$ des prix ci-
     dessus..............................   1/15
64. Bʀuʟemeɴt de poteaux de barrières............pièce   0 50
65. Baʟusᴛʀes en sapin (0,50 × 0,125 × 0,027).... id.   0 80
66. Id. (demi)............................... id.   0 50

C

67. Coʟʟe forte de Givet....................... le k.   2 30
68. Id. ordinaire............................. id.   1 60
    Cʜêɴe du Nord (voyez Madriers et Planches).
69. Id. de bateau, de 0,027 à 0,034.............. m. s.   3 57
70. Id.   id.   de 0,034 à 0,041.............. id.   4 67
    Coɴᴛʀeveɴᴛs (voyez Portes).
71. Cʀoisées en chêne du Nord, à grands carreaux, dor-
    mant, jet d'eau et pièce d'appui, bâtis de 0,04,
    dormant de 0,06...................... m. s.   10 84
72. Id. id. à petits carreaux.................. id.   12 40
73. Id. en chêne du Nord, à grands carreaux, dormant, jet
    d'eau et pièce d'appui, bâtis de de 0,034, dormant
    de 0,05............................... m. s.   10 36
74. Id. id. à petits carreaux .... id.   11 79
75. Id. en sapin de nerva, à grands carreaux, dormant, jet
    d'eau et pièce d'appui, bâtis de 0,04, dormant de
    0,06............................... m. s.   7 53
76. Id. id. jet d'eau et pièce d'appui en chêne.... id.   8 42
77. Id. en sapin de nerva, à petits carreaux, dormant, jet

d'eau et pièce d'appui, bâtis de 0,04, dormant de
    0,06................................... m.s.   8ᶠ 51

78. CROISÉES, id. jet d'eau et pièce d'appui en chêne. id.   9 40

79. Id. en sapin de nerva, à grands carreaux, dormant, jet
    d'eau et pièce d'appui, bâtis de 0,034, dormant de
    0,05................................... m.s.   7 26

80. Id. en sapin de nerva, à grands carreaux, dormant,
    jet d'eau et pièce d'appui en chêne.......... m.s.   8 15

81. Id. en sapin de nerva, à petits carreaux, dormant, jet
    d'eau et pièce d'appui, bâtis de 0,034, dormant de
    0,05................................... m.s.   8 19

82. Id. id. jet d'eau et pièce d'appui en chêne.... id.   9 08

83. Id. en chêne du Nord, à grands carreaux, dormant, jet
    d'eau et pièce d'appui, bâtis de 0,04, dormant de
    0,06, avec imposte ouvrante............... m.s. 14 69

84. Id. avec imposte dormante................... id. 14 34

85. Id. id. bâtis de 0,034, dormant de 0,05, avec im-
    poste ouvrante.......................... m.s. 13 94

86. Id. id. avec imposte dormante............. id. 13 59

87. Id. en sapin de nerva, à grands carreaux, dormant,
    jet d'eau et pièce d'appui, bâtis de 0,04, dormant
    de 0,06, avec imposte ouvrante.............. m.s.   9 88

88. Id. id. avec imposte dormante............. id.   9 62

89. Id id. jet d'eau et pièce d'appui en chêne, avec
    imposte ouvrante........................ m.s. 10 77

90. Id. id. avec imposte dormante.............. id. 10 51

91. Id. en sapin de nerva, à grands carreaux, dormant, jet
    d'eau et pièce d'appui, bâtis de 0,034, dormant de
    0,05, avec imposte ouvrante............... m.s.   9 51

92. Id. id. avec imposte dormante............. id.   9 25

93. Id. id. jet d'eau et pièce d'appui en chêne, avec
    imposte ouvrante........................ m.s. 10 40

94. Id. id. avec imposte dormante............. id. 10 14

95. Toute partie cintrée sera comptée comme carrée...... *Observ.*
    CHASSIS ravalés de moulures, sans dormants (les dor-
    mants comptés au mètre linéaire comme bâtis à 3 ou
    4 parements) :

96. Sapin de 0,027, grands carreaux.............. m.s.   5 66

97. Id.   petits carreaux............... id.   6 16

98. Id. de 0,034, grands carreaux.............. id.   6 20

99. Sapin de 0,034, petits carreaux................ m. s.   7ᶠ 00
100. Id.   de 0,041, grands carreaux.............. id.   6 55
101. Id.   petits carreaux.............. id.   7 45
102. Id.   de 0,054, grands carreaux.............. id.   7 80
103. Id.   petits carreaux.............. id.   8 90
104. Chêne de 0,027, grands carreaux.............. id.   7 25
105. Id.   petits carreaux.............. id.   7 95
106. Id.   de 0,034, grands carreaux.............. id.   8 53
107. Id.   petits carreaux.............. id.   9 33
108. Id.   de 0,041, grands carreaux.............. id.   9 48
109. Id.   petits carreaux.............. id.   10 58
110. Id.   de 0,054, grands carreaux.............. id.   11 40
111. Id.   petits carreaux.............. id.   12 60

112. Seront considérés comme châssis à grands carreaux ceux qui n'auront pas au-dessus de 7 carreaux par mètre superficiel............................. *Observ.*

113. CHASSIS à barreaux droits, $1/20$ en moins des prix ci-dessus.   1/20
114. Plus-value pour les carreaux à losange, par losange...   0 50
115. Id. pour carreaux à la grecque, par grecque.........   0 31
116. Id. pour carreaux à coins ronds tournés, par coin rond.   0 30

117. Les vitrages qui auront leurs petits bois en fer ou en cuivre, posés par le menuisier, conserveront leurs prix; ceux posés par le serrurier, ou laissés vides, subiront une moins-value de (chêne)......... m. s.   0 70
118. Id.   id.   (sapin) .... id.   0 45
119. Toute partie cintrée sera comptée comme carrée...... *Observ.*

CHEVRONS, fourrures, soliveaux, tringles, couvre-joints en bois neuf brut, ajustés et posés :

120. Sapin de 0,013 sur 0,10..................... m. l.   0 25
121. Id.   de 0,027 sur 0,10..................... id.   0 34
122. Id.   de 0,034 sur 0,10..................... id.   0 42
123. Id.   de 0,041 sur 0,10..................... id.   0 50
124. Id.   de 0,054 sur 0,10..................... id.   0 60
125. Id.   de 0,08   sur 0,10..................... id.   0 81
126. Id.   de 0,11   sur 0,10..................... id.   1 04
127. Chêne de 0,013 sur 0,10..................... id.   0 35
128. Id.   de 0,027 sur 0,10..................... id.   0 45
129. Id.   de 0,034 sur 0,10..................... id.   0 58
130. Id.   de 0,041 sur 0,10..................... id.   0 70
131. Id.   de 0,054 sur 0,10..................... id.   0 80

132. Chêne de 0,08   sur 0,10................... m. l.   1ᶠ 00
133. Id.   de 0,11   sur 0,10..................... id.   1 53
134. Chaque centimètre en plus ou en moins, ¹/₁₅ des prix ci-
dessus...   1/15
135. Couvre-joints en sapin blanchi, de 0,013 sur 0,05, en
place................................ m. l.   0 25
136. Id.   de 0,02   sur 0,05..................... id.   0 28
137. Id.   de 0,027 sur 0,05..................... id.   0 33
138. Id.   de 0,034 sur 0,05..................... id.   0 40
139. Chaque centimètre en plus ou en moins, ¹/₁₅ des prix ci-
dessus...   1/15
Cymaises à moulures :
140. Sapin de 0,013 sur 0,05..................... m. l.   0 38
141. Id.   de 0,027 sur 0,05..................... id.   0 42
142. Id.   de 0,034 sur 0,05..................... id.   0 50
143. Id.   de 0,041 sur 0,05..................... id.   0 60
144. Id.   de 0,054 sur 0,05..................... id.   0 70
145. Chêne de 0,013 sur 0,05..................... id.   0 57
146. Id.   de 0,027 sur 0,05..................... id.   0 65
147. Id.   de 0,034 sur 0,05..................... id.   0 75
148. Id.   de 0,041 sur 0,05..................... id.   0 85
149. Id.   de 0,054 sur 0,05..................... id.   0 95
150. Chaque centimètre en plus ou en moins, ¹/₁₅ des prix ci-
dessus .... Observ.
151. Chassis à tabatière, en sapin, de 0,02.......... m. s.   5 20
152. Id.   id.   de 0,03.......... id.   5 57
153. Id.   id.   de 0,04......... id.   6 44
Costières (voyez Lambrequins).
Cadres figurant panneaux :
154. Sapin de 0,013 sur 0,10..................... m. l.   0 75
155. Id.   de 0,027 sur 0,10..................... id.   0 85
156. Id.   de 0,034 sur 0,10..................... id.   0 95
157. Chêne de 0,013 sur 0,10..................... id.   1 08
158. Id.   de 0,027 sur 0,10..................... id.   1 22
159. Id.   de 0,034 sur 0,10..................... id.   1 33
160. Chaque centimètre en plus ou en moins, ¹/₁₅ des prix ci-
dessus...   1/15
Corniches volantes à 3 membres de moulures, allégies
dans la masse ou embrevées :
161. Sapin de 0,013 sur 0,10..................... m. l.   0 85

162. Sapin de 0,027 sur 0,10	m. l.	0ᶠ 95
163. Id. de 0,034 sur 0,10	id.	1 20
164. Id. de 0,041 sur 0,10	id.	1 35
165. Id. de 0,054 sur 0,10	id.	1 51
166. Id. de 0,08 sur 0,10	id.	1 66
167. Id. de 0,11 sur 0,10	id.	1 95
168. Chêne de 0,013 sur 0,10	id.	1 20
169. Id. de 0,027 sur 0,10	id.	1 35
170. Id. de 0,034 sur 0,10	id.	1 78
171. Id. de 0,041 sur 0,10	id.	1 90
172. Id. de 0,054 sur 0,10	id.	2 65
173. Id. de 0,08 sur 0,10	id.	2 95
174. Id. de 0,11 sur 0,10	id.	3 87

Plus-value pour corniches ayant des caissons, des denticules ou des modillons sous le larmier :

175. Sapin	m. l.	0 60
176. Chêne	id.	0 70
177. Chaque centimètre en plus ou en moins, $^1/_{15}$ des prix ci-dessus		1/15

CHAMBRANLES ravalés de moulures, avec socle et rainures d'embrèvement :

178. Sapin de 0,027 sur 0,10	m. l.	0 87
179. Id. de 0,034 sur 0,10	id.	1 05
180. Id. de 0,041 sur 0,10	id.	1 15
181. Id. de 0,054 sur 0,10	id.	1 60
182. Id. de 0,08 sur 0,10	id.	1 83
183. Id. de 0,11 sur 0,10	id.	2 74
184. Chêne de 0,027 sur 0,10	id.	1 21
185. Id. de 0,034 sur 0,10	id.	1 62
186. Id. de 0,041 sur 0,10	id.	1 75
187. Id. de 0,054 sur 0,10	id.	2 10
188. Id. de 0,08 sur 0,10	id.	2 80
189. Id. de 0,11 sur 0,10	id.	3 72
190. Chaque centimètre en plus ou en moins, $^1/_{15}$ des prix ci-dessus		1/15

CLOISONS et lambris en planches entières :

191. Pin de 0,013, 2 parements, dressé	m s.	2 65
192. rainé	id.	3 09
193. Id. de 0,018, 2 parements, dressé	id.	2 94
194. rainé	id.	3 34

Cloisons et lambris en planches entières :

195.	Pin	de 0,03 , 2 parements, dressé	m.s.	2ᶠ 95
196.		rainé	id.	3 43
197.	Id.	de 0,04 , 2 parements, dressé	id.	3 54
198.		rainé	id.	4 09
199.	Sapin	de 0,013, 2 parements, dressé	id.	3 41
200.	Id.	rainé	id.	3 88
201.	Id.	de 0,02, 2 parements, dressé	id.	3 79
202.	Id.	rainé	id.	4 31
203.	Id.	de 0,027, 2 parements, dressé	id.	4 28
204.	Id.	rainé	id.	4 82
205.	Id.	de 0,034, 2 parements, dressé	id.	4 55
206.	Id.	rainé	id.	5 15
207.	Id.	de 0,041, 2 parements, dressé	id.	4 93
208.	Id.	rainé	id.	5 59
209.	Id.	de 0,054, 2 parements, dressé	id.	6 61
210.	Id.	rainé	id.	7 39

Cloisons et lambris en planches entières, pour façon,
compris clous :

211.	Sapin	de 0,013, 2 parements, dressé	m.s.	1 15
212.	Id.	rainé	id.	1 55
213.	Id.	de 0,02, 2 parements, dressé	id.	1 15
214.	Id.	rainé	id.	1 55
215.	Id.	de 0,027, 2 parements, dressé	id.	1 15
216.	Id.	rainé	id.	1 55
217.	Id.	de 0,034, 2 parements, dressé	id.	1 25
218.	Id.	rainé	id.	1 70
219.	Id.	de 0,041, 2 parements, dressé	id.	1 30
220.	Id.	rainé	id.	1 80
221.	Id.	de 0,054, 2 parements, dressé	id.	1 55
222.	Id.	rainé	id.	2 10

223. Plus-value pour cloisons en planches entières, égales et
parallèles, avec moulures poussées sur les rives, par
parement . . . . m.s.   0 25

224. Crémaillères pour placards : sapin . . . . m.l.   0 45
225.   chêne . . . . id.   0 65
226. Clefs en chêne rapportées, incrustées et chevillées dans
des parties en sapin . . . . pièce   0 30
227.   chêne . . . . id.   0 40

D

228. Dessus de table à bagages ou comptoir, en bois de
chêne du Nord, de 0,027, rainé et collé...... m. s.   7ᶠ 67
229. Id.   de 0,04 ,   id............ id.   10 02
230. Id. id. en sapin de 0,027,   id............ id.   5 28
231. Id.   de 0,04 ,   id............ id.   5 84
232. Denticules rapportées : sapin................ pièce   0 08
233.   chêne............... id.   0 10
234. Dépose avec transport à l'atelier et rangement de portes,
croisées, châssis, persiennes, etc............. m. s.   0 12
235. Id. de parquet, en feuilles ou frises, etc., compris dépose de lambourdes.................... m. s.   0 20
236. Id. de plinthes, bandeaux, cymaises, moulures, etc., m. l.   0 04
237. Id. de corniche volante..................... id.   0 07
238. Id. d'huisseries et chambranles............... id.   0 10
Dépose de jalousies (voyez Jalousies).
Demi-Baguettes (voyez Baguettes).

E

Étagères (voyez Tablettes).
239. Escalier en chêne, demi-anglaise, marches de 0,80 à
1,00 de long et 0,04 d'épaisseur, contre-marches de
0,027, noyau en ormeau ou noyer, crémaillère en
peuplier de 0,04, boulons et plate-bandes, la marche   11 25
240. Id. id. marches et noyau en chêne, et contre-marches
et autres en nerva.................... la marche   10 50
241. Étrésillons en sapin entre solives .... pièce   0 25
Enseignes, frises ou attiques, planes, sans barres ni
emboîtures :
242. Sapin de 0,02 .... m. s.   4 01
243. Id.   de 0,027 .... id.   4 52
244. Id.   de 0,034 .... id.   4 70
245. Chêne de 0,02 .... id.   5 81
246. Id.   de 0,027 .... id.   6 65
247. Id.   de 0,034 .... id.   7 88
Planes, avec barres à queue :
248. Sapin de 0,02 .... id.   4 45

249. Sapin de 0,027 .... m. s.   4f 96
250. Id.   de 0,034 .... id.   5 14
251. Chêne de 0,02 .... id.   6 50
252. Id.   de 0,027 .... id.   7 34
253. Id.   de 0,034 .... id.   8 57

ENSEIGNES d'assemblage composées d'un bâtis avec moulures au pourtour du panneau, clefs dans les joints et barres à queue derrière :

254. Petits cadres, sapin de 0,02 .... m. s.   4 76
255. Id.   de 0,027 .... id.   5 27
256. Id.   de 0,034 .... id.   5 45
257. Id.   chêne de 0,02 .... id.   6 94
258. Id.   de 0,027 .... id.   7 78
259. Id.   de 0,034 .... id.   9 01
260. Grands cadres, sapin de 0,02 .... id.   5 93
261. Id.   de 0,027 .... id.   6 16
262. Id.   de 0,034 .... id.   6 35
263. Id.   chêne de 0,02 .... id.   8 24
264. Id.   de 0,027 .... id.   9 10
265. Id.   de 0,034 .... id. 10 40
266. ÉCHELLES pour étagères, avec traverses et montants unis, de 0,06 × 0,06 :   sapin ..... m. l.   0 85
267. Id.   id.   chêne ..... id.   1 45
268. Id. id. avec moulures sur le devant : sapin ..... id.   0 89
269. Id.   id.   chêne ..... id.   1 53

F

FOURRURES (voyez Chevrons).

FEUILLURES, moulures, nervures, arrondissement d'angles faits séparément sur de vieilles parties ou sur parties unies, comptées en surface :

270. Sapin jusqu'à 0,03 de largeur .... m. l.   0 05
271. Id.   chaque 0,03 en plus .... id.   0 01
272. Chêne jusqu'à 0,03 de largeur .... id.   0 07
273. Id.   chaque 0,03 en plus .... id.   0 02

FENÊTRES (voyez Croisées).

FRISES d'encadrement (voyez Alaises).

274. FAISCEAUX de baguettes, dits *trèfles*, de 0,02 à 0,04 de grosseur : sapin .... m. l.   0 51

275. Faisceaux de baguettes, dits *trèfles*, de 0,02 à 0,04 de
     grosseur : chêne .... m. l.   0ᶠ 85

G

276. Glands tournés pour baguettes d'angle, etc..... pièce   0 15

H

Huisseries à 3 parements, feuillés, nervés :
277. Sapin de 0,027 sur 0,10...................... m. l.   0 60
278. Id.   de 0,034 sur 0,10..................... id.   0 67
279. Id.   de 0,041 sur 0,10..................... id.   0 75
280. Id.   de 0,054 sur 0,10..................... id.   0 85
281. Id.   de 0,08 sur 0,10..................... id.   1 11
282. Id.   de 0,11 sur 0,10..................... id.   1 35
283. Chêne de 0,027 sur 0,10..................... id.   0 96
284. Id.   de 0,034 sur 0,10..................... id.   1 11
285. Id.   de 0,041 sur 0,10..................... id.   1 44
286. Id.   de 0,054 sur 0,10..................... id.   1 72
287. Id.   de 0,08 sur 0,10..................... id.   2 23
288. Id.   de 0,11 sur 0,10..................... id.   2 80
Huisseries à 4 parements, feuillés, nervés :
289. Sapin de 0,027 sur 0,10..................... id.   0 65
290. Id.   de 0,034 sur 0,10..................... id.   0 72
291. Id.   de 0,041 sur 0,10..................... id.   0 80
292. Id.   de 0,054 sur 0,10..................... id.   0 90
293. Id.   de 0,08 sur 0,10..................... id.   1 16
294. Id.   de 0,11 sur 0,10..................... id.   1 40
295. Chêne de 0,027 sur 0,10..................... id.   1 03
296. Id.   de 0,034 sur 0,10..................... id.   1 18
297. Id.   de 0,041 sur 0,10..................... id.   1 51
298. Id.   de 0,054 sur 0,10..................... id.   1 77
299. Id.   de 0,08 sur 0,10..................... id.   2 30
300. Id.   de 0,11 sur 0,10..................... id.   2 87
301. Chaque centimètre en plus ou en moins, $^1/_{15}$ des prix ci-
     dessus 1/15
302. Plus-value pour baguettes, ou congés poussés sur les
     arêtes : sapin............................... m. l.   0 07
303. Id. id. chêne........................... id.   0 12

I

304. Imfostes dormantes plein cintre, en chêne, à dessins rayonnant vers le centre, avec jet d'eau, bâtis de 0,04 à 0,05 . . . . m. s. 17ᶠ 36
305. Id.   ouvrantes,   id.   id . . . . id. 22 25
306. Id.   dormantes,   id.   en sapin, id . . . . . id. 12 68
307. Id.   ouvrantes,   id.   id . . . . id. 16 78

J

308. Journée de menuisier 4 00
309. Jalousies de 1,00 à 1,30 de largeur, planche de pavillon, planche à bascule et chaînes en fil de fer . . m. l. 11 19
310. Id.   id.   chaînes de rubans . . . . id. 10 19
311. Id. déposées . . . . id. 0 20
312. Id. reposées . . . . id. 0 50
313. Id. déposées, lessivées, remontées de chaînes de rubans et reposées . . . . m. l. 2 50
314. Id.   id.   chaînes en fil de fer . . . . id. 3 50
315. Jouées de lanterne en chêne, de 0,04 d'épaisseur, assemblées à queues, avec clefs dans les joints, et gorge poussée à l'arête inférieure . . . . m. s. 11 07
       Joncs d'angle (voyez Baguettes).
316. Jeu donné à une porte d'armoire,   1 vantail 0 20
317. Id.   id.   2 vantaux 0 30
318. Id.   id.   ordinaire,   1 vantail 0 25
319. Id.   id.   2 vantaux 0 40
320. Id. donné à une croisée ou persienne, 1 vantail 0 30
321. Id.   id.   2 vantaux 0 50

L

322. Lambourdes en chêne, de 0.027 × 0,08 . . . . m. l. 0 43
323. Id.   id.   de 0,034 × 0,08 . . . . id. 0 54
324. Id.   id.   de 0,041 × 0,08 . . . . id. 0 60
325. Id.   id.   de 0,054 × 0,08 . . . . id. 0 70
326. Id.   id.   de 0,08 × 0,08 . . . . id. 0 90
327. Id.   id.   pour pose seulement . . . . . id. 0 09

Lᴀᴍʙʀɪs d'assemblage sans plates-bandes :

A glace : bâtis de 0,027, panneaux 0,013 :

328. Id.	tout sapin, brut derrière.	m. s.	6ᶠ 11
329. Id.	à glace au 2ᵉ parement..	id.	6 46
330. Id.	bâtis chêne, pann. sapin, brut derrière.	id.	7 42
331. Id.	à glace au 2ᵉ parement..	id.	7 89
332. Id.	tout chêne, brut derrière.	id.	8 52
333. Id.	à glace au 2ᵉ parement..	id.	9 12

Bâtis 0,034, panneaux 0,020 :

334. Id.	tout sapin, brut derrière.	id.	6 26
335. Id.	à glace au 2ᵉ parement..	id.	6 61
336. Id.	bâtis chêne, pann. sapin, brut derrière.	id.	8 17
337. Id.	à glace au 2ᵉ parement..	id.	8 44
338. Id.	tout chêne, brut derrière.	id.	9 01
339. Id.	à glace au 2ᵉ parement..	id.	9 41

Bâtis 0,041, panneaux 0,027 :

340. Id.	tout sapin, brut derrière.	id.	6 70
341. Id.	à glace au 2ᵉ parement..	id.	7 05
342. Id.	bâtis chêne, pann. sapin, brut derrière.	id.	9 12
343. Id.	à glace au 2ᵉ parement..	id.	9 39
344. Id.	tout chêne, brut derrière.	id.	10 36
345. Id.	à glace au 2ᵉ parement..	id.	10 76

Arasé : bâtis 0,027, panneaux 0,020 :

346. Id.	tout sapin, brut derrière.	id.	6 26
347. Id.	à glace au 2ᵉ parement..	id.	6 61
348. Id.	bâtis chêne, pann. sapin, brut derrière.	id.	7 57
349. Id.	à glace au 2ᵉ parement..	id.	8 04
350. Id.	tout chêne, brut derrière.	id.	8 41
351. Id.	à glace au 2ᵉ parement..	id.	9 01

Bâtis 0,034, panneaux 0,027 :

352. Id.	tout sapin, brut derrière.	id.	6 61
353. Id.	à glace au 2ᵉ parement..	id.	6 96
354. Id.	bâtis chêne, pann. sapin, brut derrière.	id.	8 52
355. Id.	à glace au 2ᵉ parement..	id.	8 99
356. Id.	tout chêne, brut derrière.	id.	9 71
357. Id.	à glace au 2ᵉ parement..	id.	10 31

Bâtis et panneaux 0,041 :

358. Id.	tout sapin, brut derrière.	id.	7 10
359. Id.	arasé au 2ᵉ parement....	id.	7 65
360. Id.	bâtis chêne, pann. sapin, brut derrière.	id.	9 51

Lambris d'assemblage sans plates-bandes :
    Arasé : bâtis et panneaux 0,041 :

361. Id.	bâtis chêne, pann. sapin, arasé au 2e par . m. s.			10f 08
362. Id.	tout chêne, brut derrière.	id.		11 65
363. Id.	arasé au 2e parement....	id.		12 35

    Bâtis 0,054, panneaux 0,041 :

364. Id.	tout sapin, brut derrière.	id.		7 00
365. Id.	à glace au 2e parement ..	id.		7 35
366. Id.	bâtis chêne, pann. sapin, brut derrière.	id.		10 87
367. Id.	à glace au 2e parement ..	id.	°11 34
368. Id.	tout chêne, brut derrière.	id.		12 99
369. Id.	à glace au 2e parement ..	id.		13 64

    Bâtis et panneaux 0,054 :

370. Id.	tout sapin, brut derrière.	id.		8 71
371. Id.	arasé au 2e parement....	id.		9 16
372. Id.	bâtis chêne, pann. sapin, brut derrière.	id.		11 58
373. Id.	arasé au 2e parement....	id.		12 15
374. Id.	tout chêne, brut derrière.	id.		14 09
375. Id.	arasé au 2e parement....	id.		14 84

    A petits cadres, profils de 0,025, à 0,04 :
      Bâtis 0,027, panneaux 0,013 :

376. Id.	tout sapin, brut au 2e par.	id.		6 46
377. Id.	à glace	id.		6 81
378. Id.	arasé........	id.		6 91
379. Id.	à petits cadres.	id.		7 32
380. Id.	bâtis chêne, pann. sapin, brut au 2e par.	id.		7 75
381. Id.	à glace......	id.		8 22
382. Id.	arasé........	id.		8 32
383. Id.	à petits cadres.	id.		8 74
384. Id.	tout chêne, brut au 2e par.	id.		8 38
385. Id.	à glace......	id.		8 98
386. Id.	arasé........	id.		9 08
387. Id.	à petits cadres.	id.		9 49

      Bâtis 0,034, panneaux 0,020 :

388. Id.	tout sapin, brut au 2e par.	id.		6 91
389. Id.	à glace......	id.		7 26
390. Id.	arasé........	id.		7 36
391. Id.	à petits cadres.	id.		7 77
392. Id.	bâtis chêne, pan. sapin, brut au 2e par.	id.		8 86
393. Id.	à glace	id.		9 33

LAMBRIS d'assemblage sans plates-bandes :
A petits cadres, profil de 0,025 à 0,04 :
Bâtis 0,034, panneaux, 0,020 :

394.	Id.	bâtis chêne, pann. sapin, arasé au 2e par. m. s.	9f 43
395.	Id.	à petits cadres. id.	9 85
396.	Id.	tout chêne, brut au 2e par. id.	9 73
397.	Id.	à glace...... il.	10 33
398.	Id.	arasé........ id.	10 44
399.	Id.	à petits cadres. id.	10 84

Bâtis 0,041, panneaux 0,027 :

400.	Id.	tout sapin, brut au 2e par. id.	7 35
401.	Id.	à glace......, id.	7 70
402.	Id.	arasé........ id.	7 80
403.	Id.	à petits cadres. id.	8 21
404.	Id.	bâtis chêne, pann. sapin brut au 2e par. id.	9 81
405.	Id.	à glace...... id.	10 28
406.	Id.	arasé........ id.	10 38
407.	Id.	à petits cadres. id.	10 80
408.	Id.	tout chêne, brut au 2e par. id.	11 03
409.	Id.	à glace...... id.	11 63
410.	Id.	arasé........ id.	11 73
411.	Id.	à petits cadres. id.	12 14

Bâtis 0,054, panneaux 0,027 :

412.	Id.	tout sapin, brut au 2e par. id.	8 35
413.	Id.	à glace...... id.	8 70
414.	Id.	arasé........ id.	8 80
415.	Id.	à petits cadres. id.	9 25
416.	Id.	bâtis chêne, pann. sapin brut au 2e par. id.	11 29
417.	Id.	à glace...... id.	11 76
118.	Id.	arasé........ id.	11 86
419.	Id.	à petits cadres. id.	12 28
420.	Id.	tout chêne, brut au 2e par. id.	12 53
421.	Id.	à glace...... id.	13 13
422.	Id.	arasé........ id.	13 23
423.	Id.	à petits cadres. id.	13 63

A grands cadres : bâtis 0,027, panneaux 0,013
(cadres de 0,041 de profil) :

424.	Id.	tout sapin, brut au 2e par. id.	8 08
425.	Id.	à glace...... id.	8 43
426.	Id.	arasé .... id.	8 53

Lᴀᴍʙʀɪs d'assemblage sans plates-bandes :

A grands cadres : bâtis 0,027, panneaux 0,013 (cadres de 0,041 de profil) :

427. Id.	tout sapin, à gr. cadr. au 2ᵉ par. m. s.	9ᶠ 16
428. Id.	bâtis et cadres chêne, panneaux sapin, brut au 2ᵉ parement................. m. s.	11 15
429. Id.	à glace....... id.	11 70
430. Id.	arasé........ id.	11 80
431. Id.	à grands cadres. id.	12 40
432. Id.	tout chêne, brut au 2ᵉ par. id.	11 73
433. Id.	à glace....... id.	12 33
434. Id.	arasé........ id.	12 43
435. Id.	à grands cadres. id.	13 14

Bâtis 0,034, panneaux 0,013 (cadres de 0,054 de profil) :

436. Id.	tout sapin, brut au 2ᵉ par. m. s.	8 74
437. Id.	à glace....... id.	9 09
438. Id.	arasé........ id.	9 19
439. Id.	à grands cadres. id.	9 82
440. Id.	bâtis et cadres chêne, panneaux sapin, brut au 2ᵉ parement................. m. s.	12 60
441. Id.	à glace....... id.	13 15
442. Id.	arasé........ id.	13 25
443. Id.	à grands cadres. id.	13 94
444. Id.	tout chêne, brut au 2ᵉ par. id.	13 18
445. Id.	à glace...... id.	13 78
446. Id.	arasé....... id.	13 88
447. Id.	à grᵈˢ cadres.. id.	14 59

Bâtis 0,041, panneaux 0,020 (cadres de 0,064 de profil) :

448. Id.	tout sapin, brut au 2ᵉ par. m. s.	9 24
449. Id.	à glace...... id.	9 59
450. Id.	arasé....... id.	9 69
451. Id.	à grᵈˢ cadres.. id.	10 32
452. Id.	bâtis et cadres chêne, panneaux sapin, brut au 2ᵉ parement	14 17
453. Id.	à glace...... m. s.	14 72
454. Id.	arasé........ id.	14 82
455. Id.	à grᵈˢ cadres.. id.	15 51
456. Id.	tout chêne brut au 2ᵉ par. id.	14 84

Lambris d'assemblage sans plates-bandes :

A grands cadrres : bâtis 0,041, panneaux 0,020
(cadrès de 0,064 de profil) :

457. Id. tout chêne, à glace au 2e par. m. s. 15 f 44
458. Id. arasé........ id. 15 54
459. Id. à gr^{ds} cadres.. id. 16 25

Bàtis 0,054, panneaux 0,027 (cadres de 0,081
de profil) :

460. Id. tout sapin, brut au 2e par. m. s. 11 17
461. Id. à glace ...... id. 11 52
462. Id. arasé........ id. 11 62
463. Id. à gr^{ds} cadres.. id. 12 25
464. Id. bâtis et cadres chêne, panneaux sapin, brut
au 2e parement................... m. s. 16 47
465. Id. à glace....... id. 17 02
466. Id. arasé........ id. 17 12
467. Id. à gr^{ds} cadres.. id. 17 81
468. Id. tout chêne, brut au 2e par. id. 17 48
469. Id. à glace....... id. 18 08
470. Id. arasé........ id. 18 18
471. Id. à gr^{ds} cadres.. id. 18 89
472. Plus-value pour plates-bandes simples poussées au pourtour des panneaux : sapin................. m. l. 0 14
473. Id. id. chêne................. id. 0 20
474. Id. pour plates-bandes moulurées poussées au pourtour des panneaux : sapin................. m. l. 0 25
475. Id. id. chêne................ id. 0 35
476. Id. pour les moulures des grands panneaux dont la largeur excèdera : pour les petits cadres, 0,04
pour les grands cadres, 0,05
par chaque centimètre : sapin............... m. l. 0 14
477. Id. id. chêne............. id. 0 20
478. Id. pour chaque angle enlevé à fleur de plate-bande,
en grecque ou en coin rond : sapin.............. 0 05
479. Id. id. chêne 0 07
480. Id. pour bossage à pointe de diamant, par face de panneau : sapin.............. 0 50
481. Id. id. chêne............. 0 75
482. Id. pour chaque panneau en plus de 3 par mètre superficiel : pour les lambris à petits cadres....... m. s. 0 35

483. Plus-value pour les lambris à grands cadres...... m. s.   0ᶠ 70
484. Toute partie cintrée sera comptée comme carrée...... *Observ.*
485. Les ouvrages cintrés à double courbure seront payés le
     double de ceux cintrés à simple courbure .... *Observ.*
     LAMBRIS en planches entières (voyez Cloisons).
486. LAMBREQUIN en sapin de 0,035 × 0,35, avec ornements
     rapportés............................... m. l.   3 00
487. Id.   de 0,035 × 0,42......... id.   3 50
488. Id.   de 0,035 × 0,52........., id.   4 00
489. LAMES de persiennes en réparation, de 0,05 à 0,06 de
     large : sapin........................... pièce   0 50
490. Id. id.   chêne............................ id.   0 65
491. Id. de jalousies en réparation, de 1,00 à 1,30 :
     sapin................................. pièce   0 60
492. Id. id.   chêne............................ id.   0 75

M

493. MADRIERS en chêne du Nord, de choix, de 0,054. m. s.   8 31
494. Id. en sapin de nerva de 0,08............... id.   5 99
495. Id.   id.   de christian de 0,08.............. id.   5 25
     MOULURES figurant chambranles, moulures à gorge, cor-
     niches, etc., ajustées et posées :
496. Id.   sapin de 0,013 sur 0,10..... m. l.   0 64
497. Id.   de 0,027 sur 0,10..... id.   0 76
498. Id.   de 0,034 sur 0,10..... id.   0 88
499. Id.   de 0,041 sur 0,10..... id.   0 91
500. Id.   de 0,054 sur 0,10..... id.   1 05
501. Id.   de 0,08 sur 0,10..... id.   1 26
502. Id.   de 0,11 sur 0,10..... id.   1 55
503. Id.   chêne de 0,013 sur 0,10..... id.   0 91
504. Id.   de 0,027 sur 0,10..... id.   1 20
505. Id.   de 0,034 sur 0,10..... id.   1 33
506. Id.   de 0,041 sur 0,10..... id.   1 47
507. Id.   de 0,054 sur 0,10..... id.   1 58
508. Id.   de 0,08 sur 0,10..... id.   2 14
509. Id.   de 0,11 sur 0,10..... id.   2 63
510. Chaque centimètre en plus ou en moins, $\frac{1}{15}$ des prix ci-
     dessus...................................   1/15

MOULURES détachées pour façon seulement :

511. Id.   sapin de 0,03 à 0,04 de large.... m. l.   0f 12
512. Id.   de 0,04 à 0,05........... id.   0 15
513. Id.   de 0,05 à 0,06........... id.   0 19
514. Id.   chêne de 0,03 à 0,04 de large.... id.   0 19
515. Id.   de 0,04 à 0,05........... id.   0 25
516. Id.   de 0,05 à 0,06........... id.   0 32

MAIN-COURANTE en noyer ou cerisier pour rampes d'escalier, en place :

517. Id. arrondies ou ovales, de 0,054 × 0,034..... m. l.   3 20
518. Id. à pomme de canne, de 0,059 × 0,041..... id.   4 52
519. Id.   id.   avec une baguette.............. id.   5 10
520. Id.   id.   avec deux baguettes........... id.   5 32
521. Id. en chêne du Nord pour banquettes et balcons, en place .... m. l.   1 90

N

NERVURES (voyez Feuillures).

P

522. PLANCHES en chêne du Nord, de choix, de 0,041.. m. s.   6 16
523. Id.   id.   de 0,027.. id.   4 16
524. Id. en sapin de nerva.............. de 0,041.. id.   3 30
525. Id.   id.   de 0,027.. id.   2 85
526. Id. en sapin de christian.......... de 0,03 .. id.   2 70
527. Id.   id.   de 0,02 .. id.   2 40
528. Id. en pin, 1er choix, de 2,00 × 0,22 × 0,04.... id.   2 08
529. Id. id.   2e choix, de 2,00 × 0,22 × 0,03.... id.   1 64
530. Id. id.   3e choix, de 2,00 × 0,18 × 0,03.... id.   0 95
531. PLANCHER en chêne du Nord de 0,054, à joints plats, blanchi sur une face....................... m. s. 10 99
532. Id. à rainure et languette, blanchi sur une face... id. 11 91
533. Id. en chêne du Nord de 0,04, à joints plats, blanchi sur une face............................. m. s.   8 63
534. Id. en chêne du Nord de 0,04, à rainure et languette, blanchi sur une face....................... m. s.   9 43
535. Id.   id.   les lames de 0,10 de large....... id. 10 88

536. Plancher en chêne du Nord de 0,027, à joints plats, blanchi sur une face...................... m. s. 6f 43
537. Id. id. à rainure et languette, blanchi sur une face. id. 7 17
538. Id. id. les lames de 0,10 de large............ id. 8 55
539. Id. en chêne du Nord pour façon, compris clous, à joints plats, blanchi sur une face................... m. s. 1 85
540. Id. id. à rainure et languette................. id. 2 35
541. Id. id. les lames de 0,10 de large............. id. 3 50
542. Id. en sapin de Nerva de 0,04, à joints plats, blanchi sur une face......................... m. s. 4 85
543. Id. id. à rainure et languette, blanchi sur une face. id. 5 40
544. Id. id. les lames de 0,10 de large............ id. 6 31
545. Id. en planches entières brutes, à rainure et languette, clouées dessus.......................... m. s. 4 70
546. Id. en sapin de nerva de 0,027, à joints plats, blanchi sur une face.......................... m. s. 4 36
547. Id. id. à rainure et languette, blanchi sur une face. id. 4 89
548. Id. id. les lames de 0,10 de large............ id. 5 78
549. Id. en planches entières brutes, à rainure et languette, clouées dessus.......................... m. s. 4 18
550. Id. en sapin de christian de 0,03, à joints plats, blanchi sur une face.......................... m. s. 4 19
551. Id. id. à rainure et languette, blanchi sur une face. id. 4 71
552. Id. id. les lames de 0,10 de large............ id. 5 59
553. Id. en sapin de christian de 0,03, en planches entières brutes, à rainure et languette, clouées dessus. m. s. 4 02
554. Id. en sapin de christian de 0,02, à joints plats, blanchi sur une face......................... m. s. 3 86
555. Id. id. à rainure et languette, blanchi sur une face. id. 4 36
556. Id. id. planches entières brutes, clouées dessus. id. 3 67
557. Id. en pin, 1er choix, de 0,04, à joints plats, blanchi sur une face......................... m. s. 3 50
558. Id. id. à rainure et languette, blanchi sur une face. id. 3 99
559. Id. id. les lames de 0,10 de large............ id. 4 84
560. Id. planches entières brutes, à rainure et languettes, clouées dessus.......................... m. s. 3 30
561. Id. en pin, 2e choix, de 0,03, à joints plats, blanchi sur une face......................... m. s. 3 02
562. Id. id. à rainure et baguette, blanchi sur une face. id. 3 48
563. Id. id. les lames de 0,10 de large............ id. 4 31

564. PLANCHER en pin, 2e choix, de 0,03, planches brutes, à
      rainure et languettes, clouées dessus......... m. s.   2f 78
565. Id. de 0,02 à 0,04 d'épaisseur, à joints plats, blanchis
      sur une face, pour façon, compris clous..... m. s.   1 22
566. Id.   à ruinure et languette,............... id.   1 60
567. Id.   les lames de 0,10 de large............ id.   2 35
568. Id.   planches entières brutes, à rainure et languette,
      clouées dessus............................ m. s.   0 91
      PARQUET en chêne, à fougère ou bâton rompu, les lames
      de 0,30 à 0,40 sur 0,065 à 0,085 :
569. Id.   de 0,027 d'épaisseur .... m. s.   11 57
570. Id.   de 0,034   id..................... id.   12 84
571. Id.   de 0,041   id..................... id.   14 14
      Id. en chêne, à fougère ou bâton rompu, les lames de
      0,30 à 0,40 sur 0,085 à 0,115 :
572. Id.   de 0,027 d'épaisseur .... m. s.   10 76
573. Id.   de 0,034   id..................... id.   12 03
574. Id.   de 0,041   id..................... id.   13 33
      Id.   id. les lames de 0,30 à 0,40 sur 0,115 à 0,150 :
575. Id.   de 0,027 d'épaisseur .... m. s.   10 20
576. Id.   de 0,034   id .... id.   11 47
577. Id.   de 0,041   id..................... id.   12 77
      Id.   id. les lames de 0,40 à 050 sur 0,065 à 0,085 :
578. Id.   de 0,027 d'épaisseur .... m. s.   11 20
579. Id.   de 0,034   id..................... id.   12 47
580. Id.   de 0,041   id..................... id.   13 77
      Id.   id. les lames de 0,40 à 0,50 sur 0,085 à 0,115 :
581. Id.   de 0,027 d'épaisseur................ m. s.   10 39
582. Id.   de 0,034   id.................... id.   11 66
582. Id.   de 0,041   id .... id.   12 96
      Id.   id. les lames de 0,40 à 0,50 sur 0,115 à 0,150 :
584. Id.   de 0,027 d'épaisseur................. m. s.   9 83
585. Id.   de 0,034   id.................. id.   10 90
586. Id.   de 0,041   id. .... id.   12 40
      Id.   id. les lames de 0,50 à 0,60 sur 0,065 à 0,085 :
587. Id.   de 0,027 d'épaisseur .... m. s.   10 64
588. Id.   de 0,034   id. .... id.   11 91
589. Id.   de 0,041   id. .... id.   13 21
      Id.   id. les lames de 0,50 à 0,60 sur 0,085 à 0,115 :
590. Id.   de 0,027 d'épaisseur .... m. s.   9 95

Parquet en chêne, à fougère ou bâton rompu, les lames de 0,50 à 0,60 sur 0,085 á 0,115 :

591. Id.   de 0,034 .... m.s.   11ʳ 22
592. Id.   de 0,041 .... id.   12 52

Id.   id. les lames de 0,50 à 0,60 sur 0,115 à 0,150 :

593. Id.   de 0,027 d'épaisseur .... m.s.   9 51
594. Id.   de 0,034   id. .... id.   10 78
595. Id.   de 0,041   id. .... id.   12 08

596. Portes en chêne du Nord de 0,054, emboîture en haut, barre à queue d'hironde en bas, les joints collés et garnis de clefs chevillées, avec ou sans brisures. m.s.   14 34

597. Id.   id. de 0,04 d'épaisseur .... id.   11 37
598. Id.   id. de 0,027   id. .... id.   8 57

599. Id. en chêne du Nord de 0,054, emboîture haut et bas, les joints collés et garnis de clefs chevillées, avec ou sans brisures. .... m.s.   14 04

600. Id.   id. de 0,04 .... id.   11 07
601. Id.   id. de 0,027 .... id.   8 27

602. Id. en sapin de nerva de 0,054, emboîture en chêne en haut, barre à queue d'hironde en bas, les joints collés et garnis de clefs chevillées, avec ou sans brisures. m.s.   9 25

603. Id.   id. de 0,040 .... id.   7 26
604. Id.   id. de 0,027 .... id.   6 22

605. Id. en sapin de nerva de 0,054, emboîture en chêne haut et bas, les joints collés et garnis de clefs chevillées, avec ou sans brisures. .... m.s.   9 05

606. Id.   id. de 0,040 .... id.   7 10
607. Id. ⸗   id. de 0,027 .... id.   6 15

Plus-value pour portes, à lames de 0,10, égales et parallèles :

608.   chêne .... m.s.   0 90
609.   sapin .... id.   0 55

Plus-value pour baguettes poussées sur les joints :

610.   chêne .... id.   0 19
611.   sapin .... id.   0 13
612. Plus-value pour jet d'eau en chêne .... m.l.   2 28

Plus-value pour portes avec jour garni de lames de persiennes, par chaque jour :

613.   chêne 1 63
614.   sapin 1 13

MENUISERIE.

Persiennes en chêne du Nord à 2 vantaux :

615. bâtis de 0,034, lames de 0,01......... m. s. 10ᶠ 68
616. bâtis de 0,04 , lames de 0,01........ id. 11 31

Id. brisées en chêne du Nord pour se reployer dans les tableaux :

617. bâtis de 0,034, lames de 0,01......... m. s. 15 10
618. bâtis de 0,04 , lames de 0,01........ id. 15 94

Id. en sapin de neva, à 2 vantaux :

619. bâtis de 0,034, lames de 0,01........ id. 6 97
620. bâtis de 0,04 , lames de 0,01........ id. 7 23

Id. brisées en sapin de nerva pour se reployer dans les tableaux :

621. bâtis de 0,034, lames de 0,01......... m. s. 9 72
622. bâtis de 0,04 , lames de 0,01........ id. 10 15

Portes d'assemblage (voyez Lambris).

Id. cochères en chêne, avec ou sans guichet, jusqu'à 4 traverses sur la hauteur, soit du bâtis principal, soit du guichet.

1ᵉʳ bâtis, 0,07 sur 0,20 ; 2ᵉ bâtis, 0,054 sur 0,16 :

Panneaux 0,034 avec clefs dans les joints :

623. Id. arasé : brut au 2ᵉ parement......... m. s. 16 01
624. Id. à glace.................... id. 16 61

A petits cadres jusqu'à 0,045 de profil :

625. Id. brut au 2ᵉ parement........... id. 18 15
626. Id. à glace.................... id. 18 75
627. Id. arasé.................... id. 19 05
628. Id. à petits cadres............... id. 21 18

A grands cadres jusqu'à 0,06 de profil :

629. Id. brut au 2ᵉ parement........... id. 22 85
630. Id. à glace.................... id. 23 45
631. Id. arasé.................... id. 23 75
632. Id. à grands cadres............. id. 26 76

Panneaux 0,041 avec clefs dans les joints :

633. Id. arasé : brut au 2ᵉ parement .... id. 16 70
634. Id. à glace.................... id. 17 30

A petits cadres jusqu'à 0,045 de profil :

635. Id. brut au 2ᵉ parement........... id. 18 84
636. Id. à glace.................... id. 19 44
637. Id. arasé.................... id. 19 74
638. Id. à petits cadres............... id. 21 87

Portes cochères en chêne, avec ou sans guichet, jusqu'à
4 traverses sur la hauteur, soit du bâtis principal,
soit du guichet.

1er bâtis, 0,07 sur 0,20 ; 2e bâtis, 0,054 sur 0,16 :
Panneaux 0,041 avec clefs dans les joints :
A grands cadres jusqu'à 0,08 de profil :

639.	Id.	brut au 2e parement............	m.s.	23f 86
640.	Id.	à glace...................	id.	24 46
641.	Id.	arasé....................	id.	24 76
642.	Id.	à grands cadres..............	id.	27 77

1er bâtis, 0,09 sur 0,25 ; 2e bâtis, 0,07 sur 0,16 :
Panneaux 0,041 avec clefs dans les joints :

643.	Id.	arasé : brut au 2e parement..........	m.s.	18 47
644.	Id.	à glace...................	id.	19 64

A petits cadres jusqu'à 0,06 de profil :

645.	Id.	brut au 2e parement..........	id.	21 68
646.	Id.	à glace...................	id.	22 28
647.	Id.	arasé....................	id.	22 58
648.	Id.	à petits cadres..............	id.	25 23

A grands cadres jusqu'à 0,09 de profil :

649.	Id.	brut au 2e parement..........	id.	27 85
650.	Id.	à glace...................	id.	28 45
651.	Id.	arasé....................	id.	28 75
652.	Id.	à grands cadres..............	id.	32 78

Panneaux 0,054 avec clefs dans les joints :

653.	Id.	arasé : brut au 2e parement.........	id.	19 73
654.	Id.	arasé....................	id.	20 33

A petits cadres jusqu'à 0,07 de profil :

655.	Id.	brut au 2e parement..........	id.	23 32
656.	Id.	à glace...................	id.	23 92
657.	Id.	arasé....................	id.	24 22
658.	Id.	à petits cadres..............	id.	26 87

A grands cadres jusqu'à 0,10 de profil :

659.	Id.	brut au 2e parement..........	id.	28 85
660.	Id.	à glace...................	id.	29 45
661.	Id.	arasé....................	id.	29 75
662.	Id.	à grands cadres..............	id.	33 78

1er bâtis, 0,11 sur 0,32 ; 2e bâtis, 0,08 sur 0,20 :
Panneaux 0,041 avec clefs dans les joints :

663.	Id.	arasé : brut au 2e parement..........	m.s.	23 47

Portes cochères en chêne, avec ou sans guichet, jusqu'à
4 traverses sur la hauteur, soit du bâtis principal,
soit du guichet :
1er bâtis, 0,11 sur 0,32 : 2e bâtis, 0,08 sur 0,20 :
Panneaux 0,041 avec clefs dans les joints :

664.	Id.	arasé : à glace au 2e parement....... m. s.		24f 07

A petits cadres jusqu'à 0,07 de profil :

665.	Id.	brut au 2e parement	id.	27 10
666.	Id.	à glace....................	id.	27 70
667.	Id.	arasé......................	id.	28 00
668.	Id.	à petits cadres.............	id.	31 11

A grands cadres jusqu'à 0,09 de profil :

669.	Id.	brut au 2e parement	id.	32 85
670.	Id.	à glace....................	id.	33 43
671.	Id.	arasé......................	id.	33 73
672.	Id.	à grands cadres.............	id.	37 98

Panneaux 0,054 avec clefs dans les joints :

673.	Id.	arasé : brut au 2e parement.........	id.	24 48
674.	Id.	à glace....................	id.	25 08

A petits cadres jusqu'à 0,08 de profil :

675.	Id.	brut au 2e parement..........	id.	28 40
676.	Id.	à glace....................	id.	29 00
677.	Id.	arasé......................	id.	29 30
678.	Id.	à petits cadres.............	id.	32 50

A grands cadres jusqu'à 0,10 de profil :

679.	Id.	brut au 2e parement..........	id.	33 62
680.	Id.	à glace....................	id.	34 22
681.	Id.	arasé......................	id.	34 52
682.	Id.	à grands cadres.	id.	38 86

Portes d'entrée ordinaires, bâtis de 0,041, panneaux
de 0,034 avec dormant :

683.	Id.	tout sapin : à petits cadres, brut au 2e par. m. s.		9 10
684.	Id.	à glace.......	id.	9 45
685.	Id.	arasé	id.	9 65
686.	Id.	à petits cadres.	id.	10 71
687.	Id.	à grands cadres, brut au 2e par.	id.	11 04
688.	Id.	à glace.......	id.	11 39
689.	Id.	arasé	id.	11 59
690.	Id.	à grds cadres..	id.	13 13

Portes d'entrée ordinaires, bâtis de 0,041, panneaux
de 0,034 avec dormant :

Bâtis chêne, panneaux sapin :

691.	Id.		à petits cadres, brut au 2e par. m. s.		11f 83
692.	Id.		à glace.......	id.	12 18
693.	Id.		arasé........	id.	12 38
694.	Id.		à petits cadres.	id.	13 77
695.	Id.		à grands cadres, brut au 2e par.	id.	14 70
696.	Id.		à glace.......	id.	15 05
697.	Id.		arasé........	id.	15 25
698.	Id.		à grds cadres..	id.	17 20
699.	Id.	tout chêne, à petits cadres, brut au 2e par.		id.	14 15
700.	Id.		à glace.......	id.	14 50
701.	Id.		arasé........	id.	14 70
702.	Id.		à petits cadres.	id.	16 40
703.	Id.	à grands cadres, brut au 2e par.		id.	17 04
704.	Id.		à glace.......	id.	17 39
705.	Id.		arasé........	id.	17 59
706.	Id.		à grds cadres...	id.	19 96

Bâtis 0,054, panneaux 0,041 :

707.	Id.	tout sapin, à petits cadres, brut au 2e par.		id.	10 65
708.	Id.		à glace.......	id.	11 00
709.	Id.		arasé........	id.	11 20
710.	Id.		à petits cadres.	id.	12 45
711.	Id.	à grands cadres, brut au 2e par.		id.	12 93
712.	Id,		à glace.......	id.	13 28
713.	Id.		arasé........	id.	13 48
714.	Id.		à petits cadres.	id.	15 32

Bâtis chêne, panneaux sapin :

715.	Id.		à petits cadres, brut au 2e par.	id.	13 84
716.	Id.		à glace.......	id.	14 19
717.	Id.		arasé........	id.	14 39
718.	Id.		à petits cadres.	id.	16 00
719.	Id.	à grands cadres, brut au 2e par.		id.	16 42
720.	Id.		à glace.......	id.	16 77
721.	Id.		arasé........	id.	16 97
722.	Id.		à grds cadres..	id.	19 22
723.	Id.	tout chêne, à petits cadres, brut au 2e par.		id.	16 78
724.	Id.		à glace.......	id.	17 13
725.	Id.		arasé........	id.	17 33

Portes d'entrée ordinaires, bâtis de 0,054, panneaux de 0,041 avec dormant :

726. Id.	tout chêne, à petits cadres au 2e parement. m. s.		19f 29
727. Id.	à grands cadres, brut au 2e par.	id.	20 06
728. Id.	à glace.......	id.	20 41
729. Id.	arasé........	id.	20 61
730. Id.	à grds cadres..	id.	23 32

Bâtis 0,06, panneaux 0,05 :

731. Id.	tout sapin, à petits cadres, brut au 2e par.	id.	11 89
732. Id.	à glace.......	id.	12 28
733. Id.	arasé........	id.	12 48
734. Id.	à petits cadres.	id.	13 97
735. Id.	à grands cadres, brut au 2e par.	id.	14 41
736. Id.	à glace.......	id.	14 76
737. Id.	arasé........	id.	14 96
738. Id.	à grds cadres..	id.	17 05

Bâtis chêne, panneaux sapin :

739. Id.	à petits cadres, brut au 2e par.	id.	15 17
740. Id.	à glace.......	id.	15 52
741. Id.	arasé........	id.	15 72
742. Id.	à petits cadres.	id.	17 61
743. Id.	à grands cadres, brut au 2e par.	id.	18 95
744. Id.	à glace.......	id.	19 30
745. Id.	arasé........	id.	19 50
746. Id.	à petits cadres.	id.	22 14
747. Id.	tout chêne, à petits cadres, brut au 2e par.	id.	18 88
748. Id.	à glace.......	id.	19 23
749. Id.	arasé........	id.	19 43
750. Id.	à petits cadres.	id.	21 72
751. Id.	à grands cadres, brut au 2e par.	id.	22 22
752. Id.	à glace.......	id.	22 57
753. Id.	arasé........	id.	22 77
754. Id.	à grds cadres..	id.	25 92

755. Plus-value pour chaque panneau en bossage, formant pointe de diamant............................. 1 25

756. Plus-value pour moulure poussée au dormant saillant................................par porte. 2 00

757. Plus-value pour chaque caisson à fleur de listel sur le dormant.. 0f 32

758. Plus-value pour chaque caisson saillant............ 0 64

759. Toute partie à panneaux vides recouverte d'un volet
mobile, sera payée comme celle à panneaux ordinaires (volet compris)............................ *Observ.*

PORTES CHARRETIÈRES d'assemblage, panneaux embrevés
et clefs dans les joints, les bâtis à 3 fortes traverses
sur la hauteur.

Bâtis de 0,04, panneaux de 0,034 :

760. Id.   tout sapin......... m.s.   8 59
761. Id.   bâtis, traverses et écharpes chêne, panneaux
                                    sapin....................... m.s.   11 58
762. Id.   tout chêne......... id.   14 03

Bâtis de 0,05, panneaux de 0,034 :

763. Id.   tout sapin......... id.   9 89
764. Id.   bâtis, traverses et écharpes chêne, panneaux
                                    sapin....................... m.s.   13 30
765. Id.   tout chêne........ id.   15 77

Bâtis de 0,06, panneaux de 0,04 :

766. Id.   tout sapin......... id.   10 76
767. Id.   bâtis, traverses et écharpes chêne, panneaux
                                    sapin....................... m.s.   14 58
768. Id.   tout chêne........ id.   17 61

Bâtis de 0,07, panneaux de 0,04 :

769. Id.   tout sapin......... id.   12 02
770. Id.   bâtis, traverses et écharpes chêne, panneaux
                                    sapin....................... m.s.   16 13
771. Id.   tout chêne........ id.   19 65

PORTES CHARRETIÈRES avec barres et écharpes, panneaux
par planches entières, embrevées dans la traverse du
haut, moulurées sur les rives et clouées sur les barres
et écharpes :

Bâtis 0,07 jusqu'à 0,20 de large, pan. 0,034 :

772. Id.   tout sapin......... m.s.   9 46
773. Id.   bâtis chêne, panneaux sapin........ id.   12 43
774. Id.   tout chêne........ id.   16 18

Bâtis 0,07 jusqu'à 0,20 de large, pann. 0,041 :

775. Id.   tout sapin......... m.s.   9 70
776. Id.   bâtis chêne, panneaux sapin........ id.   12 67
777. Id.   tout chêne........ id.   17 05

Bâtis 0,08 jusqu'à 0,20 de large, pann. 0,034 :

778. Id.   tout sapin......... m.s.   9 86

Portes charretières avec barres et écharpes, panneaux
par planches entières, embrevées dans la traverse du
haut, moulurées sur les rives et clouées sur les barres
et écharpes :

　　　　Bâtis 0,08 jusqu'à 0,20 de large, pan. 0,034 :

779.	Id.	bâtis chêne, panneaux sapin........ m. s.	13ʳ 14
780.	Id.	tout chêne........ id.	16 89

　　　　　　Id.　　　panneaux 0,41 :

781.	Id.	tout sapin......... id.	10 10
782.	Id.	bâtis chêne, panneaux sapin........ id.	13 38
783.	Id.	tout chêne........ id.	17 76
784.	Plus-value par portillon ouvrant : sapin............		1 90
785.	chêne............		2 50

Portail sur bourdonneau, planches montant du haut en
bas, clouées sur les barres et écharpes assemblées
dans le bourdonneau, battement uni sur l'un des
vantaux :

　　　　Bourdonneau de 0,12 sur 0,12, planches de 0,034 :

786.	Id.	tout sapin...................... m. s.	8 17
787.	Id. bourdonneau, barres et écharpes chêne, planches		
		sapin........................... m. s.	10 76
788.	Id.	tout chêne..................... id.	13 71

　　　　Bourdonneau de 0,12 sur 0,12 planches de 0,04 :

789.	Id.	tout sapin..................... m. s.	8 50
790.	Id. bourdonneau, barres et écharpes chêne, planches		
		sapin........................... m. s.	11 09
791.	Id.	tout chêne..................... id.	14 74
792.	Plus-value par portillon ouvrant : sapin............		1 25
793.	Id.	id. chêne............	1 90
794.	Id. pour baguettes sur les joints : sapin... m. s.		0 20
795.	Id.	id. chêne... id.	0 32
796.	Patères en noyer ou en chêne, de 0,06 de diam., pièce		0 15
797.	Id.	id. de 0,10 id.	0 35
798.	Id.	id. de 0,18 id.	1 00

Plinthes ajustées et posées :

799.	Id.	sapin de 0,013 sur 0,10....... m. l.	0 40
800.	Id.	de 0,027 sur 0,10....... id.	0 48
801.	Id.	de 0,034 sur 0,10....... id.	0 51
802.	Id.	de 0,041 sur 0,10....... id.	0 56
803.	Id.	de 0,05 sur 0,10....... id.	0 72

PLINTHES ajustées et posées :

804.	Id.	chêne de 0,013 sur 0,10........ m. l.		0ᶠ 55
805.	Id.	de 0,027 sur 0,10.......	id.	0 73
806.	Id.	de 0,034 sur 0,10.......	id.	0 88
807.	Id.	de 0,041 sur 0,10.......	id.	1 04
808.	Id.	de 0,05 sur 0,00.......	id.	1 17

PLINTHES à moulures, ajustées et posées :

809.	Id.	sapin de 0,013 sur 0,10.......	id.	0 46
810.	Id.	de 0,027 sur 0,10.......	id.	0 54
811.	Id.	de 0,034 sur 0,10.......	id.	0 58
812.	Id.	de 0,041 sur 0,10.......	id.	0 61
813.	Id.	chêne de 0,013 sur 0,10.......	id.	0 64
814.	Id.	de 0,027 sur 0,10.......	id.	0 82
815.	Id.	de 0,034 sur 0,10.......	id.	0 97
816.	Id.	de 0,041 sur 0,10.......	id.	1 15
817.	Chaque centimètre en plus ou en moins, $^{1}/_{15}$ des prix ci-dessus			1/15

PLINTHES pour escaliers, entaillées suivant les marches, droites en plan :

818.	Id.	sapin de 0,013 sur 0,20....... m.l.		1 21
819.	Id.	de 0,013 sur 0,30.......	id.	1 41
820.	Id.	de 0,027 sur 0,20.......	id.	1 44
821.	Id.	de 0,027 sur 0,30.......	id.	1 75
822.	Id.	de 0,034 sur 0,20.......	id.	1 48
823.	Id.	de 0,034 sur 0,30.......	id.	1 81
824.	Id.	chêne de 0,013 sur 0,20.......	id.	1 40
825.	Id.	de 0,013 sur 0,30.......	id.	1 67
826.	Id.	de 0,027 sur 0,20.......	id.	1 96
827.	Id.	de 0,027 sur 0,30.......	id.	2 54
828.	Id.	de 0,034 sur 0,20.......	id.	2 22
829.	Id.	de 0,034 sur 0,30.......	id.	2 94

PLINTHES pour escaliers, entaillées suivant les marches, circulaires en plan :

830.	Id.	sapin de 0,013 sur 0,20....... m.l.		1 49
831.	Id.	de 0,013 sur 0,30.......	id.	1 69
832.	Id.	de 0,027 sur 0,20.......	id.	1 75
833.	Id.	de 0,027 snr 0,30.......	id.	2 06
834.	Id.	de 0,034 sur 0,20.......	id.	1 79
835.	Id.	de 0,034 sur 0,30.......	id.	2 12
836.	Id.	chêne de 0,013 sur 0,20.......	id.	1 94

PLINTHES pour escaliers, entaillées suivant les marches, circulaires en plan :

837. Id. chêne de 0,013 sur 0,30 .... m. l.	2ᶠ 21
838. Id. de 0,027 sur 0,20 .... id.	2 50
839. Id. de 0,027 sur 0,30 .... id.	3 08
840. Id. de 0,034 sur 0,20 .... id.	2 76
841. Id. de 0,034 sur 0,30 .... id.	3 48

842. PALISSADES pour clôtures (bois refaits), poteaux chêne de 0,10 × 0,10, lisses sapin de 0,08 × 0,06, fuseaux sapin de 0,04 × 0,02, compris peinture à 3 couches, dont la première au minium, posées en place... m. l.   6 20

PLANCHERS de 0,027 à 0,041, planches entières :

843. Id.   ajustés, reposés et replanis .... m. s.   0 79

844. Id.   refaits à neuf .... id.   1 60

Id.   de 0,027 à 0,041, à lames :

845. Id.   ajustés, reposés et replanis.......... id.   1 04

846. Id.   refaits à neuf.................... id.   2 35

847. PIÈCE rapportée à l'emplacement d'une fiche ou charnière.   0 15

848. Id.   id.   d'une serrure ou d'une paumelle.   0 25

849. POULIE de jalousie en réparation, avec aile en fer......   0 20

R

RABOTAGE (voyez Blanchissage).

850. RACLAGE de vieux parquets non déposés......... m. s.   0 40

REPOSE de jalousies (voyez Jalousies).

851. Id.   de plinthes, cymaises, moulures......... m. l.   0 10

852. Id.   de vieux tasseaux .... id.   0 05

853. Id.   de chambranles.................... id.   0 25

854. Id.   de cadres figurant panneaux .... id.   0 15

855. Id.   de corniches volantes .... id.   0 35

RAINURES (voyez Feuillures).

856. ROULEAU en bois de sapin pour puits, de 1,25 de long sur 0,20 de diamètre .... pièce   5 00

S

SAPIN du Nord (voyez Madriers et Planches).

857. Id.   (chevrons de 0,08 × 0,08) ...... m. l.   0 43

STYLOBATES (voyez Plinthes).

858. SÉPARATIONS pour urinoirs, en sapin du Nord de 0,035, assemblées dans une traverse inférieure en chêne, avec clef sur la hauteur, le dessus chantourné selon profil .... m. s.   7^f 00

T

859.	TABLETTES en sapin de 0,013, rainées et collées, 2 parements.................................		m. s.	3 84
860.	Id.	de 0,027	id.	4 78
861.	Id.	de 0,034	id.	5 01
862.	Id.	de 0,041	id.	5 35
863.	Id.	de 0,013 dressées, 2 parem.	id.	3 46
864.	Id.	de 0,027	id.	4 33
865.	Id.	de 0,034	id.	4 55
866.	Id.	de 0,041	id.	4 88
867.	Plus-value pour moulure poussée sur la rive.....		m. l.	0 05
868.	TABLETTES en sapin vieux bois, pour façon et pose, rainées et collées, 2 parements, de 0,013........		m. s.	1 65
869.	Id.	id.	de 0,027....... id.	1 65
870.	Id.	id.	de 0,034....... id.	1 75
871.	Id.	id.	de 0,041....... id.	1 75
872.	TAQUETS en sapin de 0,075 × 0,17, pour abouts de pannes, en place........................		pièce	0 35
873.	Id.	de 0,15 × 0,08	id.	0 30

V

VOLETS d'assemblage (voyez Lambris).
Id.   brisés (voyez Portes).
Id.   portatifs (voyez Portes).
VITRAGES (voyez Châssis).

SERRURERIE.

A

1. **Anneaux** à vis, en laiton, légers, n°s 1 à 5, prix réduit.   0^f 09
2. Id.   id.   n°s 6 à 9...........   0 13
3. Id.   ordinaires,   n°s 1 à 5, prix réduit.   0 11
4. Id.   id.   n°s 6 à 10..........   0 15
5. Id.   id.   n°s 11 à 15.........   0 39
6. Plus-value pour anneaux avec écrou...............   0 05
7. **Arrêt** de contrevent et persienne, à charnière à bascule,
     tête en fonte, mentonnet léger, en place 0 30
8. Id.   id.   mentonnet renforcé................   0 45

B

9. **Boulons** à écrou, tête ronde, carrée ou à losange, col-
     let rond ou carré, tous les numéros prix réduit jus-
     qu'à 36, de 0,03 de longueur .... pièce   0 11
10. Id.   de 0,04   .... id.   0 14
11. Id.   de 0,05   .... id.   0 17
12. Id.   de 0,06   .... id.   0 19
13. Id.   de 0,07   .... id.   0 22
14. Id.   de 0,08   .... id.   0 26
15. Id.   de 0,09   .... id.   0 27
16. Id.   de 0,10   .... id.   0 30
17. Id.   de 0,11   .... id.   0 33
18. Id.   de 0,12   .... id.   0 34
19. Id.   de 0,13   .... id.   0 36
20. Id.   de 0,14   .... id.   0 39
21. Id.   de 0,15   .... id.   0 41
22. Id.   de 0,16   .... id.   0 44
23. Id.   de 0,17   .... id.   0 47
24. Id.   de 0,18   .... id.   0 51
25. Id.   de 0,20   .... id.   0 58
26. Id. tête conique, collet rond, tous les numéros prix
     réduit, de 0,04 de longueur.............. pièce   0 09
27. Id.   de 0,05   .... id.   0 10

28. BOULONS tête conique, collet rond, tous les numéros prix
réduit, de 0,06 de longueur..............pièce 0ᶠ 12
29. Id. de 0,07 .... id. 0 13
30. Id. de 0,08 .... id. 0 14
31. Id. de 0,09 .... id. 0 16
32. Id. de 0,10 .... id. 0 17
33. Id. de 0,11 .... id. 0 18
34. Id. de volets, avec clavette, platines et contre-platines,
en place................................pièce 0 90
35. BOUTONS à vis, légers, nᵒˢ 1 à 6, de 0,01 à 0,018 de
diamètre, prix réduit........................ 0 08
36. Id. id. nᵒˢ 7 à 12, de 0,02 à 0,03 de
diamètre, prix réduit........................ 0 18
37. Id. ordinaires, nᵒˢ 0 à 6, de 0,008 à 0,019 de
diamètre, prix réduit........................ 0 10
38. Id. id. nᵒˢ 7 à 12, de 0,022 à 0,034 de
diamètre, prix réduit........................ 0 29
39. Id. à vis, massifs, nᵒˢ 0 à 4, de 0,016 à 0,023 de
diamètre, prix réduit........................ 0 18
40. Id. id. nᵒˢ 5 à 9, de 0,025 à 0,034 de
diamètre, prix réduit........................ 0 40
41. Id. creusés, nᵉˢ 1 à 5, de 0,016 à 0,033 de
diamètre, prix réduit........................ 0 15
42. Plus-value pour boutons avec écrou................ 0 05
BANDES à brisures (voyez Charnières).
43. BALUSTRADES en fer forgé, fers ronds ou carrés, en
place................................ k. 1 25
BOURDONNIÈRE à équerre (petit pivot à équerre) en fer,
avec crapaudine, entaillée et posée :
44. Id. de 0,16 de branche.................. 1 65
45. Id. de 0,19.............................. 1 85
46. Id. de 0,22.............................. 2 25
47. Id. de 0,25.............................. 2 50
48. Id. de 0,28.............................. 2 75
49. Id. de 0,32.............................. 3 10
50. Id. de 0,40.............................. 3 55
Id. id. à équerre à boule tournée, avec crapaudine,
entaillée et posée :
51. Id. de 0,16 de branche.................. 2 50
52. Id. de 0,19.............................. 2 80

BOURDONNIÈRE à équerre, à boule tournée, avec crapaudine, entaillée et posée :

53. Id.	de 0,22	3ᶠ 05
54. Id.	de 0,25	3 75
55. Id.	de 0,28	4 10
56. Id.	de 0,32	4 60
57. Id.	de 0,40	5 55
58. BATTEMENT de contrevent et persienne, tête élargie en demi-rond, à scellement		0 20
59. Id.	à pointe	0 10
60. Id.	à deux coudes, à scellement	0 25
61. Id.	à pointe	0 12
62. BEC DE CANNE à larder, avec bouton à olive et béquille en cuivre, entrée, gâche et vis à bois, en place, pièce.		2 85
63. BÉQUILLE ET OLIVE en cuivre pour serrure et bec de canne, en place		0 95
64. BEC DE CANNE, cloisons de 0,017 d'épaisseur, compris gâche à baguette, jusqu'à 0,08, en place, ST		3 10
65. de 0,11 ST		3 20
66. Id. cloisons de 0,020 sur 0,08, compris gâche à baguette, de 0,11, en place, ST		3 65
67. de 0,14 ST		4 20
68. de 0,16 ST		4 75
69. Plus-value pour rondelle tournée au foliot		0 60
70. Id. pour bec de canne à chanfrein de 32 degrés		1 20
71. Id. pour ajustement tubulaire, avec galets au foliot		2 88
72. BEC DE CANNE posé en long, compris gâche, jusqu'à 0,04 de large ST		4 90
73. de 0,05 à 0,08 de large, ST		4 00
74. Plus-value pour chanfrein de 32 degrés		1 20
75. Pour ajustement tubulaire		2 15
76. BEC DE CANNE, cloisons de 0,027 sur 0,095 de hauteur, avec gâche à baguette, sans rondelle, de 0,16 de long, ST		7 50
77. Plus-value pour chanfrein de 32 degrés, à rondelles		1 20
78. Id. ajustement tubulaire et foliot à galets		3 60
79. Id. pour gâche à rouleau		1 20
BEC DE CANNE à entailler dans l'épaisseur du bois :		
80. Id. en long, jusqu'à 0,08 de large, ST		4 40
81. Id. 0,09 ST		4 68

Bec de canne à entailler dans l'épaisseur du bois :

82. Id.   en long, jusqu'à 0,10 de large,   ST..........   4^f 98
83. Id.   en travers, de 0,12 à 0,14   ST..........   5 40
84. Boutons doubles pleins, en cuivre, tige carrée et rosette
                à douille en fer n° 8, ST..........   1 40
85. Id.   n° 9, ST..........   1 65
86. Id.   n° 10, ST..........   2 00
87. Id.   n° 11, ST..........   2 50
Id. creux à olives :
88. Id.   de 0,055 de hauteur, ST..........   2 10
89. Id.   de 0,06   ST..........   2 45
90. Id.   de 0,065   ST..........   2 90

C

Crochets en fer, tous les numéros prix réduit, en place :

91. Id.   de 0,03..............................   0 02
92. Id.   de 0,04..............................   0 03
93. Id.   de 0,05..............................   0,035
94. Id.   de 0,06..............................   0 04
95. Id.   de 0,07..............................   0 05
96. Id.   de 0,08..............................   0 06
97. Id.   de 0,09..............................   0 07
98. Id.   de 0,10..............................   0 08
99. Id.   de 0,11..............................   0 09
100. Id.   de 0,12..............................   0 10
101. Id.   de 0,13..............................   0 12
102. Id.   de 0,14..............................   0 14
103. Id.   de 0,15..............................   0 15
104. Id.   de 0,16..............................   0 16
105. Id.   de 0,17..............................   0 22
106. Id.   de 0,18..............................   0 22
107. Id.   de 0,19.............................   0 24
108. Id.   de 0,20..............................   0 25
Id. de contrevent en fer, avec 2 pitons, tous les numé-
     ros prix réduit, en place :
109. Id.   de 0,05..............................   0 11
110. Id.   de 0,06..............................   0 14
111. Id.   de 0,08..............................   0 18

CROCHETS de contrevent en fer, avec 2 pitons, tous les numéros prix réduit, en place :

112. Id.	de 0,10	0ᶠ 22
113. Id.	de 0,12	0 30
114. Id.	de 0,14	0 37
115. Id.	de 0,16	0 39
116. Id.	de 0,18	0 42
117. Id.	de 0,20	0 47
118. Id.	de 0,22	0 55
119. Plus-value pour crochets vernissés		0 02

CROCHETS de contrevent en laiton, avec 2 pitons, tous les numéros prix réduit, en place :

120. Id.	de 0,05	0 21
121. Id.	de 0,06	0 29
122. Id.	de 0,08	0 42
123. Id.	de 0,10	0 60
124. Id.	de 0,12	0 80
125. Id.	de 0,14	0 87
126. Id.	de 0,16	0 92
127. Id.	de 0,18	1 10
128. Id.	de 0,20	1 27
129. Id.	de 0,22	1 57

Id. demi-ronds en fer, avec 2 pitons :

130. Id.	de 0,04 à 0,055	0 14
131. Id.	de 0,06 à 0,08	0 15
132. Id.	de 0,09 à 0,11	0 19

Id. demi-ronds en laiton, avec 2 pitons :

133. Id.	de 0,04 à 0,055	0 19
134. Id.	de 0,06 à 0,08	0 22
135. Id.	de 0,09 à 0,11	0 25

CHARNIÈRES ordʳᵉˢ en fer, entaillées et posées avec vis :

136. Id.	de 0,02	0,15
137. Id.	de 0,03	0 15
138. Id.	de 0,04	0 25
139. Id.	de 0,05	0 26
140. Id.	de 0,06	0 29
141. Id.	de 0,07	0 32
142. Id.	de 0,08	0 40
143. Id.	de 0,09	0 42
144. Id.	de 0,10	0 47

Chaenières ord^res en fer, entaillées et posées avec vis :

145.	Id.	de 0,11	0f 49
146.	Id.	de 0,12	0 57
147.	Id.	de 0,14	0 71
148.	Id.	de 0,16	0 86

Id. fortes en fer, entaillées et posées avec vis :

149.	Id.	de 0,04	0 26
150.	Id.	de 0,05	0 27
151.	Id.	de 0,06	0 30
152.	Id.	de 0,07	0 34
153.	Id.	de 0,08	0 42
154.	Id.	de 0,09	0 44
155.	Id.	de 0,10	0 50
156.	Id.	de 0,11	0 52
157.	Id.	de 0,12	0 61
158.	Id.	de 0,14	0 76
159.	Id.	de 0,16	0 91

Id. carrées en fer, entaillées et posées à vis :

160.	Id.	de 0,03	0 15
161.	Id.	de 0,04	0 27
162.	Id.	de 0,05	0 28
163.	Id.	de 0,06	0 32
164.	Id.	de 0,07	0 35
165.	Id.	de 0,08	0 46
166.	Id.	de 0,09	0 54
167.	Id.	de 0,10	0 63
168.	Id.	de 0,11	0 69
169.	Id.	de 0,12	0 74
170.	Id.	de 0,14	0 98
171.	Id.	de 0,16	1 38

Id. carrées fortes en fer, entaillées et posées à vis :

172.	Id.	de 0,04	0 28
173.	Id.	de 0,05	0 29
174.	Id.	de 0,06	0 33
175.	Id.	de 0,07	0 38
176.	Id.	de 0,08	0 49
177.	Id.	de 0,09	0 58
178.	Id.	de 0,10	0 69
179.	Id.	de 0,11	0 75
180.	Id.	de 0,12	0 87

Cʜᴀʀɴɪᴇ̀ʀᴇs carrées fortes en fer, entaillées et posées
à vis :

181. Id.	de 0,14	1ᶠ 10
182. Id.	de 0,16	1 48

Id. ordinaires en laiton, entaillées et posées avec vis
laiton :

183. Id.	de 0,02	0 20
184. Id.	de 0,03	0 23
185. Id.	de 0,04	0 52
186. Id.	de 0,05	0 58
187. Id.	de 0,06	0 68
188. Id.	de 0,07	0 76
189. Id.	de 0,08	1 11
190. Id.	de 0,09	1 28
191. Id.	de 0,10	1 50
192. Id.	de 0,11	1 58

Id. carrées en laiton, entaillées et posées avec vis laiton :

193. Id.	de 0,03	0 29
194. Id.	de 0,04	0 63
195. Id.	de 0,05	0 78
196. Id.	de 0,06	0 95
197. Id.	de 0,07	1 07
198. Id.	de 0,08	1 56

199. Id. en fer, à hélice, de $0,085 \times 0,052$ et de $0,085 \times$
$0,068$, entaillées et posées à vis 1 45

200. Id. en laiton, à hélice, de $0,112 \times 0,068$, entaillées et
posées avec vis laiton 3 25

201. Cʟᴏᴜs dorés pour porte de frise .... le % 1 30

202. Id. à bâtiment .... le k. 0 75

203. Cᴀᴅᴇɴᴀs ordinaire, clef en chiffre : de 0,04 .... 0 35

204. Id.   de 0,05 .... 0 45

205. Id.   de 0,06 .... 0 55

206. Id.   de 0,07 .... 0 65

Cʜᴀʀɴɪᴇ̀ʀᴇs à briquet pour comptoir, en place :

207. Id.	de 0,04 de large	2 35
208. Id.	de 0,05	2 80
209. Id.	de 0,06	3 30
210. Id.	de 0,07	3 80
211. Id.	de 0,08	4 35

Cʀᴏɪssᴀɴᴛs pour cheminée (voir Fumisterie).

212. Chassis maillé en cuivre pour devant de guichet de distribution 2ʳ 50
Id. en fer pour grillages en fil de fer :
213. Id.   de 2,00 à l'équerre et au-dessus......... k.   1 00
214. Id.   au-dessous de 2,00 à l'équerre ......·.... k.   1 50
215. Crémaillère de fabrique pour châssis à tabatière, de
0,50 à 0,60 de longueur......................   1 50
Crémone ordinaire jusqu'à 2 mètres de longueur, tringle en fer demi-rond et garnitures en fonte, en place :
216. Id.   id.   de 0,014 de diamètre..............   3 40
217. Id.   id.   chaque mètre en sus compris conduits..   0 95
218. Id.   id.   de 0,016 de diamètre..............   3 65
219. Id.   id.   chaque mètre en sus compris conduits..   1 15
220. Id.   id.   de 0,018 de diamètre..............   4 00
221. Id.   id.   chaque mètre en sus compris conduits..   1 35
222. Charnières longues à nœuds soudés, compris vis, entailles et pose............................ k.   1 70
223. Plus-value pour soudure des nœuds, par chaque nœud.   0 50
224. Charnières à hélice en cuivre sans boule, entaillées et
posées à vis, de 0,08   ST...................   2 80
225. Id.   de 0,09   ST...................   4 00
226. Id.   de 0,11   ST...................   5 25
Crémone à tige demi-ronde jusqu'à 2 mètres de long :
227. Id.   de 0,016 de diamètre, garnitures en fonte, ST..   4 75
228. Id.   à bouton de cuivre, ST..   6 85
229. Id.   chaque mètre de tringle noire en sus.......   1 00
230. Id.   de 0,018 de diamètre, garnitures en fonte, ST..   5 35
231. Id.   à bouton de cuivre, ST..   7 45
232. Id.   toutes les garnitures en cuivre ciselé, ST..   18 40
233. Id.   chaque mètre de tringle noire en sus.......   1 10
234. Id.   de 0,020 de diamètre, garniture en fonte, ST..   8 65
235. Id.   à bouton de cuivre, ST:..   11 05
236. Id.   toutes les garnitures en cuivre ciselé, ST..   26 80
237. Id.   chaque mètre de tringle noire en sus......   1 25

D

238. Dépose d'un bec de canne entaillé................   0 10
239. Id.   d'une charnière.........................   0 05
240. Id.   d'une équerre.........................   0 05

 SERRURERIE.

241. Dépose d'une crémone........................ 0f 20
242. Id.   d'une fiche....................... 0 10
243. Id.   d'une paumelle 0 10
244. Id.   d'une paumelle double et à boule.......... 0 15
245. Id.   d'un verrou à ressort..................... 0 10
246. Id.   d'une serrure d'armoire................... 0 10
247. Id.   d'une serrure de porte ordinaire........... 0 15
248. Id.   d'une penture entaillée 0 20
249. Dépose et repose d'un bec de canne............... 0 30
250. Id.   d'une charnière.................. 0 15
251. Id.   d'une équerre 0 15
252. Id.   d'une crémone................... 0 60
253. Id.   d'une fiche..................... 0 15
254. Id.   d'une paumelle simple............ 0 25
255. Id.   d'une paumelle double 0 35
256. Id.   d'un verrou à ressort 0 25
257. Id.   d'une serrure d'armoire 0 25
258. Id.   d'une serrure de porte 0 40

Dépose et repose en place neuve :

259. Id.   d'un bec de canne............... 0 80
260. Id.   d'une charnière.................. 0 20
261. Id.   d'une équerre................... 0 20
262. Id.   d'une crémone................... 1 20
263. Id.   d'une fiche..................... 0 25
264. Id.   d'une paumelle simple............ 0 35
265. Id.   d'une paumelle double............ 0 45
266. Id.   d'un verrou à ressort............ 0 30
267. Id.   d'une serrure d'armoire 0 35
268. Id.   d'une serrure de porte ordinaire 1 00
269. Id.   d'une penture................... 0 45

E

270. Entrée de serrure, vis comprises, en remplacement... 0 30
Équerres simples entaillées et fixées avec vis :
271. Id.   de 0,16 de branche............. 0 20
272. Id.   de 0,19   .... 0 25
273. Id.   de 0,22   .... 0 30
Entailles dans le bois de ferrures comptées au kilog. :
274. Id.   de 0,04 de large .... m.l. 0 60

Entailles dans le bois de ferrures comptées au kilog. :
275. Id.   chaque centimètre en plus........   0ʳ 06
276. Id.   pour pivots de portes cochères et ouvrages
                analogues..................... m. l.   1 00

F

277. Fers de 1ʳᵉ classe :
        carrés, de 0,020 à 0,054 ;
        ronds, de 0,030 à 0,061 ;
        plats, de 0,027 à 0,039 sur 0,011 et plus ;
        de 0,040 à 0,115 sur 0,09 et plus ;
          les % k.......... 38 00

278. Id. de 2ᵉ classe :
        carrés, de 0,016 à 0,019 ;
        de 0,055 à 0,069 ;
        ronds, de 0,017 à 0,029 ;
        de 0,062 à 0,074 ;
        plats, de 0,020 à 0,039 sur 0,008 et plus ;
        de 0,040 à 0,071 sur 0,006 à 0,0085 ;
        de 0,116 à 0,165 sur 0,012 à 0,040 ;
          les % k.......... 40 50

279. Id. de 3ᵉ classe :
        carrés, de 0,011 à 0,015 ;
        de 0,070 à 0,081 ;
        ronds, de 0,012 à 0,016 ;
        de 0,075 à 0,070 ;
        plats, de 0,082 à 0,115 sur 0,0065 à 0,0085 ;
        de 0,116 à 0,165 sur 0,007 à 0,0115 ;
        rondelettes, de 0,020 à 0,039 sur 0,0055 à 0,0075 ;
        aplatis, de 0,040 à 0,081 sur 0,0045, et plus ;
        plate-bande demi-ronde, de 0,027 à 0,050 ;
          les % k.......... 42 50

280. Id. de 4ᵉ classe :
        carrés, de 0,005 à 0,0105 ;
        de 0,082 à 0,110 ;
        ronds, de 0,006 à 0,011 ;
        de 0,091 à 0,111 ;
        plats, de 0,082 à 0,015 sur 0,0045 à 0,006 ;
        de 0,116 à 0,165 sur 0,0055 à 0,0065 ;

Fers de 4e classe :

    bandelette, de 0,014 à 0,019 sur 0,0045 et plus ;

    aplatis, de 0,020 à 0,039 sur 0,0035 à 0,005 ;

        de 0,040 à 0,081 sur 0,0035 et 0,004 ;

    plate-bande demi-ronde, de 0,014 à 0,026,

                    les % k 45f 00

281. Id.   hors classe :

    ronds, de 0,111 à 0,135 ;

                    les % k 47 50

282. Feuillards et demi-feuillards :

    Id.   de 1re classe :

    aplatis, de 0,082 à 0,115 sur 0,0035 à 0,004 ;

    demi-feuillard, de 0,020 à 0,080 sur 0,002 à 0,003 ;

                    les % k 48 00

283. Id.   de 2e classe :

    de 0,081 à 0,115 sur 0,002 à 0,003 ;

    de 0,02 à 0,08 sur 0,0015 ;   les % k 51 30

284. Id.   de 3e classe :

    de 0,081 à 0,115 sur 0,0015 ;

    feuillard de 0,020 à 0,068 sur 0,001 ;

                    les % k . . ! 54 50

285. Id.   de 4e classe :

    feuillard et demi-feuillard, de 0,014 à 0,019 ;

                    les % k 58 00

286. Fers spéciaux :

    Id.   de 1re catégorie :

    à plancher, de 0,100 à 0,160 ;   les % k 38 00

287. Id.   de 2e catégorie :

    à plancher, de 0,180 à 0,230 ;

    marqués maréchal, cornières à côtés égaux, de

       0,035 à 0,100 ;   les % k 40 50

288. Id.   de 3e catégorie :

    cornières à côtés inégaux, de 0,035 à 0,100 ;

    à T de 5k et plus le mètre linéaire jusqu'à 0,008

      de branche ;

    à biseau, ronchets et à nœuds ;

    à coulisse, de 0,035 et au-dessus ; les % k 42 50

289. Id.   de 4e catégorie :

    cornières à côtés égaux et inégaux, de plus de 2k à

      4k500 le mètre linéaire ;

Fers spéciaux :

    à vitrage et à T, de plus de 2^k à 4^k500 le mètre linéaire ;   les $^o/_o$ k .... 45^f 00

290. Id.   de 5ᵉ catégorie :

    à couteaux, à T, vitrages et petites cornières, de 1^k à 2^k le mètre linéaire ;   les $^o/_o$ k 47 00

291. Id.   de 6ᵉ catégorie :

    creux pour métiers, à vasistas, à T, vitrages et petites cornières au-dessous de 1^k le mètre :   les $^o/_o$ k 49 00

292. Fers (gros fers), à bâtiments, ronds ou carrés, coupés de longueur seulement, pour façon, fourniture et pose............................... k.   0 43

293. Id.   coudés ou à scellement pour chaînes, tirants, plate-bandes, manteaux de cheminées, cintres de fourneaux, etc., compris clous et entailles....... k.   0 55

294. Id.   coudés et contre-coudés pour étriers, entretoises de fermes de planchers, boulons de 6^k et au-dessus, ou fers à tiges taraudées avec écrou, compris clous, entailles et pose.................... k.   0 66

295. Id.   pour fermes de planchers et poitrails, compris boulons, montage et pose, à toute hauteur... k.   0 80

    Id.   pour charpentes : sous-tendeurs, tirants obliques, tiges de suspension, fourchettes, platines, moufles de tension .... k.   0 80

296. Id.   pour poitrails en tôle assemblée avec cornières en fer, compris rivets, en place............. k.   0 65

297. Id.   pour combles en fer ordinaire, montage à toute hauteur, ajustement et pose, compris boulons, rivets et toutes fournitures et main d'œuvre........ k.   0 90

298. Fers à T pour planchers, les solives garnies de leurs tirants, ancres ou harpons, compris levage, montage et pose, à toute hauteur .... k.   0 50

299. Id.   id.   mais les solives assemblées avec cornières en fer .... k.   0 55

300. Plus-value pour plancher de plus de 7^m de portée. id.   0 10

301. Fers à T pour poitrails, poutrelles en fer, à double ou triple T, armés et assemblés, compris boulonnage, montage et pose........................ k.   0 70

302. Id.   pour chevronnage de combles, pannes ou plates-

formes, assemblées en fer à simple, double ou triple T,
en place...................................... k.   0f 65

303. FERS pour fermes de combles, composées d'arbalétriers
ou d'arêtiers en même fer, et compris pièces d'assemblage en fonte fondue sur modèle, en place.   k.   0 73

304. FERS à moulure pour grandes lanternes, sans petits
bois .... k.   1 00

305. Id. pour châssis à petits bois .... id.   1 25

306. FERS forgés, coudés à congés renforcés, fournis et posés, pour équerres, supports ou plates-bandes, sans
entailles....................................... k.   0 72

307. Id. pour pentures ordinaires ou renforcées, collets non
élargis, mais compris chanfreins, clous et pose, sans
entailles .... k.   0 90

308. Id. pour pentures à collets élargis, compris rivets et
vis, fléaux de portes cochères ou charretières.   k.   1 03

309. Id. pour barres de fermetures en fer plat avec boutons
tournés, sans entailles..................... k.   1 20

310. Id. pour pivots, bourdonnières et équerres de portes
cochères, compris rivets et vis, sans entailles.   k.   1 30

311. Id. pour armature de pompe.................. k.   1 35

312. Id. pour boulons de moins de 1 k. chaque...... id.   1 08

313. Id.   id.   de 1 à 3 .... id.   0 85

314. Id.   id.   de 3 à 6 .... id.   0 72

315. Id. pour grilles à coke, gratte-pieds (suivant dessins)   id.   0 74

316. FONTE ordinaire pour plaques unies ou cannelées, colonnes pleines, tuyaux de descente, crapaudines,
contre-poids, barreaux de grille, etc......... k.   0 28

317. Id. pour colonnes creuses.................... id.   0 38

318. Id. sur modèle............................. id.   0 44

319. Id. douce pour balcons, poulies, engrenages, machi-
nes, etc..................................... k.   0 55

320. FRAISETTE en cuivre pour évier, en place........... 3 00

321. FICHES à broche à 3 lames, de 0,08 .... 0 35

322. Id.   0,095 .... 0 40

323. Id.   0,11 .... 0 45

324. Id.   0,14 .... 0 50

325. Id.   0,16 .... 0 60

326. Id.   0,19 .... 0 70

327. FICHE à broche, très-forte, pour porte extérieure...... 1 40

328. Plus-value pour pose de fiches sur huisserie..........		0f 15
329. Id. à l'échelle...................................		0 20
330. Fil de fer no 20, qualité supérieure	k.	0 70
331. Augmentation par chaque no plus fin	id.	0 02

G

332. Gonds avec embases, massifs, en laiton, de 0,035......		0 08
333. Id.	de 0,045......	0 13
334. Id.	de 0,057......	0 15
335. Id.	de 0,070......	0 18
336. Id.	de 0,080......	0 23
337. Gonds en fer, à vis ou à pointe, tous les nos prix réduits, en place :	de 0,02.......	0 03
338. Id.	de 0,03.......	0 03
339. Id.	de 0,04.......	0 04
340. Id.	de 0,05.......	0 05
341. Id.	de 0,06.......	0 07
342. Id.	de 0,07.......	0 08
343. Id.	de 0,08.......	0 09
344. Id.	de 0,09.......	0 11
345. Id.	de 0,10.......	0 12
346. Id.	de 0,11.......	0 14
347. Id.	de 0,12.......	0 15
348. Id.	de 0,13.......	0 16
349. Id.	de 0,14.......	0 18
350. Id.	de 0,15.......	0 19
351. Id.	de 0,16.......	0 20
352. Id.	de 0,17.......	0 22
353. Gond et piton avec écrou pour jalousie, en place.....		0 09
354. Id. seul, pour jalousie.		0 06
Id. en cuivre (voyez Vis en cuivre).		
Galets (voyez Poulies).		
355. Grenaille pour scellement....................	k.	0 20
356. Grilles en fer forgé, rond ou carré, les barreaux à scellement de chaque bout, pour baies de croisées.	k.	0 63
357. Id. pour clôtures, parties dormantes...........	id.	0 75
358. Id. parties ouvrantes...........	id.	0 85
359. Gache de serrure ou bec-de-canne entaillé, vis comprises, en remplacement		0 30

360. Gache de serrure, à pointe, en remplacement........ 0ᶠ 45
361. Id.   id.   à scellement, en place.............. 0 80
    Grillages en fil de fer, en place, non compris le châssis
        en fer :
362. Id.   mailles de 0,010, fil de fer n° 3........... m. s. 5 85
363. Id.   chaque n° en sus jusqu'au n° 6........ id. 0 45
364. Id.   id. du n° 7 à 11................ id. 0 70
365. Id.   mailles de 0,012, fil de fer n° 3........... id. 5 50
366. Id.   chaque n° en sus jusqu'au n° 6......... id. 0 45
367. Id.   id. du n° 7 à 12................ id. 0 70
368. Id.   mailles de 0,015, fil de fer n° 4........... id. 3 70
369. Id.   chaque n° en sus jusqu'au n° 6........ id. 0 40
370. Id.   id. du n° 7 à 14................ id. 0 65
371. Id.   mailles de 0,018, fil de fer n° 5........... id. 3 50
372. Id.   chaque n° en sus jusqu'au n° 6........ id. 0 40
373. Id.   id. du n° 7 à 15................ id. 0 65
374. Id.   mailles de 0,020, fil de fer n° 6........... id. 3 15
375. Id.   chaque n° en sus jusqu'au n° 7......... id. 0 40
376. Id.   id. du n° 8 à 16................ id. 0 65
377. Id.   mailles de 0,022, fil de fer n° 6........... id. 3 00
378. Id.   chaque n° en sus jusqu'au n° 7......... id. 0 40
379. Id.   id. du n° 8 à 16................ id. 0 65
380. Id.   mailles de 0,025, fil de fer n° 6........... id. 2 90
381. Id.   chaque n° en sus jusqu'au n° 7......... id. 0 40
382. Id.   id. du n° 8 à 16................ id. 0 65
    Gaches des serrures ST, à baguettes, en place :
383. Id.   pour serrure de 0,07 de large, à cloisons de 0,017. 0 55
884. Id.   id.   0,08   id.   0,020. 0 60
385. Id.   id.   0,11   id.   0,020. 0 70
386. Id , id.   0,095   id.   0,027. 1 00
    Id.   des serrures ST, à rouleau, en place :
387. Id.   pour serrure de 0,07 de large, à cloisons de 0,017. 1 30
388. Id.   id.   0,08   id.   0,020. 1 40
389. Id.   id.   0,11   id.   0,020. 1 80
390. Id.   id.   0,95   id.   0,027. 2 10

J

391. Journée de maître forgeron et serrurier............. 5 00

392. Journée de compagnon........................... 4ᶠ 50
393. Id. d'apprenti................................. 3 00

L

394. Loqueteau sur platine, de 0,045 à 0,060, avec anneaux,
    tirage et conduit, en place...................... 1 25
395. Id. à pompe, boîte en fonte, mentonnet en fer, avec an-
    neau, tirage et conduit......................... 0 80
396. Id.   id. mentonnet en cuivre, en plus.......... 0 10

M

397. Mentonnet à vis, en place : de 0,04................ 0 05
398. Id.   de 0,05................ 0 07
399. Id.   de 0,06................ 0 10
400. Mouvement de sonnette : sur le bout............... 0 40
401. Id.   sur le côté............... 0 45
402. Marguerites pour fixer les tapis.............. le %. 15 00

P

403. Pattes et pitons d'arrêt pour contrevents et persiennes,
    en place...................................... 0 25
404. Id. à scellement entaillées et fixées avec vis, jusqu'à 0,14. 0 25
    Id. à pointe ou à langue d'aspic, droites ou coudées :
405. Id.   de 0,05 à 0,10 .... 0 15
406. Id.   de 0,11 à 0,16 .... 0 20
407. Plomb pour scellement....................... k. 0 70
408. Paumelles simples à T, gond à scellement, entaillées
    et fixées à vis : de 0,14 de branche................ 0 70
409. Id.   de 0,16   .... 0 75
410. Id.   de 0,19   .... 0 90
411. Id.   de 0,22   .... 1 10
412. Id. doubles, à T, de 0,14   .... 0 75
413. Id.   do 0,16   .... 0 85
414. Id.   de 0,19   .... 0 95
415. Id.   de 0,22   .... 1 15

Paumelles doubles, à boules, entaillées et posées en feuillure, quel que soit l'écartement des branches :

416. Id.	de 0,14	1f 20
417. Id.	de 0,16	1 30
418. Id.	de 0,19	1 45
419. Id.	de 0,22	1 60

Id. doubles en cuivre et olive :

420. Id.	de 0,11	1 95
421. Id.	de 0,14	2 15
422. Id.	de 0,16	2 35
423. Id.	de 0,19	2 85
424. Id.	de 0,22	4 00

Poignées à pointe ou à pattes, posées avec vis :

425. Id.	de 0,08	0 25
426. Id.	de 0,095	0 30
427. Id.	de 0,11	0 35
428. Id.	de 0,14	0 40

Id. tournantes sur platines, entaillées et fixées avec vis :

429. Id.	de 0,16 de platine	0 65
430. Id.	de 0,19	0 75
431. Id.	de 0,22	0 85

Id. à olive, en cuivre :

432. Id.	de 0,14	1 15
433. Id.	de 0,16	1 45
434. Id.	de 0,19	2 00

Pitons en fer, en place, tous les numéros prix réduit :

435. Id.	de 0,02	0 03
436. Id.	de 0,04	0 04
437. Id.	de 0,06	0 07
438. Id.	de 0,08	0 09
439. Id.	de 0,10	0 15
440. Id.	de 0,12	0 18
441. Id.	de 0,14	0 20
442. Id.	de 0,16	0 26
443. Id.	de 0,18	0 31
444. Id.	de 0,20	0 35
445. Id.	de 0,22	0 36
446. Id.	de 0,24	0 41
447. Id.	de 0,26	0 43

Id. en cuivre (voyez Vis en cuivre).

448. **Poulies** en laiton ordinaires, à vis ou crochet, à pattes droites ou de travers : de 0,025 de diamètre 0ᶠ 55
449. Id. de 0,030 .... 0 65
450. Id. de 0,035 .... 0 85
451. Id. de 0,04 .... 1 05
452. Id. id. non montées, de 0,025 .... 0 20
453. Id. de 0,030 .... 0 23
454. Id. de 0,035 .... 0 32
455. Id. de 0,04 .... 0 42
456. **Pointes** nº 20 .... k. 0 53
457. Augmentation pour chaque numéro plus fin ...... id. 0 04
458. **Plaque** en cuivre pour devant de guichet de distribution, fixée avec 10 vis .... pièce 3 00
459. **Panneton** de volet avec crampon à patte, le tout fixé avec vis 0 50
Pitons pour jalousies (voyez Gonds).
460. **Poulies** de jalousie en réparation, avec aile en fer.... 0 20
Paumelles doubles, en fonte, avec bague en cuivre, en place :
461. Id. de 0,08 ST...................... 1 25
462. Id. de 0,14 ST...................... 1 95
463. Id. de 0,16 ST...................... 2 55
464. Id. en cuivre, de 0,16 ST...................... 2 70
465. Id. de 0,19 ST...................... 3 40

R

466. **Ressort** à torsion, en acier limé, trempé, posé avec pattes pour portes battantes................. m.l. 1 75
467. Id. de sonnette, noir brillant ordinaire, à bascule ou à renvoi, en place : de 0,02 de largeur............. 0 35
468. Id. de 0,03..................... 0 45
469. Id. de 0,04..................... 0 55
470. Id. de 0,05..................... 0 75
471. Id. de placard : de 0,12 de longueur........... 0 11
472. Id. de 0,14..................... 0 12
473. Id. de 0,16..................... 0 14
474. Id. de 0,18..................... 0 17
475. Id. de 0,20..................... 0 20
476. **Rondelles** pour plates-bandes et boulons, renforcées,

ordinaires ou à biseau, jusqu'à 0,001 d'épaisseur et 0,06 de diamètre...................... pièce.   0ʳ 05

477. Id. id. au-dessus de 0,001 jusqu'à 0,003 d'épaisseur et 0,04 de diamètre.................... pièce.   0,10

478. Id. id. au-dessus de 0,003 jusqu'à 0,008 d'épaisseur et 0,08 de diamètre.................... pièce.   0 20

479. Rampe d'escalier en fer rond de 0,016, à col de cygne, avec rosace et astragale en zinc, pilastre et boule en fonte, les barreaux espacés de 0,12 à 0,13 d'axe en axe.................................... m.l.   18 10

480. Id. id. à bandeau par le bas posé sur le boudin des marches.............................. m.l   21 00

481. Id. id. en fer de 0,018 de diamètre...... id.   23 80

S

482. Soufre pour scellement, compris emploi........ k.   1 50

483. Serrure d'armoire ordinaire, noire, entrée et gâche, en place :   de 0,06 à 0,08...........   1 10

484. Id. id. bronzée : de 0,06................   1 55

485. Id. id. de 0,07................   1 60

486. Id. id. de 0,08................   1 65

487. Id. id. de 0,09................   1 75

488. Id. d'armoire à tour 1/2, bronzée, clef forée, entrée et gâche, en place :   de 0,06................   2 05

489. Id. id. de 0,07................   2 10

490. Id. id. de 0,08................   2 20

491. Id. id. de 0,10................   2 35

492. Id. d'armoire en fer limé, 2 tours, clef forée, entrée et gâche, en place :   de 0,06 sur 0,07........   1 35

493. Id. id. de 0,07 sur 0,08........   1 50

Id. d'armoire en fer limé, pène fourchu, clef forée, 2 tours de clef, entrée et gâche, en place :

494. Id. id. de 0,07 sur 0,08........   2 05

495. Id. à pène dormant, clef bénarde, noire renforcée, entrée et gâche, en place : de 0,08..................   2 50

496. Id. id. de 0,10................   2 65

497. Id. id. de 0,12................   2 80

498. Id. id. de 0,14................   3 15

499. Id. id. de 0,16................   3 50

500. S~ERRURE~ à pène dormant, clef bénarde, noire renforcée,
entrée et gâche, en place : de 0,18 . . . . 3f 95
501. Id. id. de 0,20 . . . . 5 15
502. Id. dite à larder, à entailler dans l'épaisseur du bois, à
2 pènes, avec bouton à olive et béquille en cuivre,
entrée, clef, gâche et vis à bois 4 00
S~ERRURE~ pour porte d'entrée, pène dormant, à chaînette,
tour 1/2, gâche à rouleau, incrochetable, système
Brahma :
503. Id. en fer poli : de 0,12 à 0,14 . . . . 25 50
504. Id. de 0,16 . . . . 26 70
505. Id. de 0,18 . . . . 27 90
506. Id. en laiton : de 0,12 à 0,14 . . . . 26 70
507. Id. de 0,16 . . . . 27 90
508. Id. de 0,18 . . . . 30 30
Id. pour porte d'entrée en fer poli, montée à vis, à chaînette, gâche basse à roulette, incrochetable, à gor-
ges mobiles :
509. Id. de 0,12 . . . . 15 90
510. Id. de 0,14 . . . . 17 10
511. Id. de 0,16 . . . . 18 30
S~ERRURES~ marquées ST :
Id. d'armoire, pène et clef en fer, tour 1/2 avec broche à
épaulement, entrée et gâche :
512. Id. de 0,07 . . . . 3 10
513. Id. de 0,08 . . . . 3 20
514. Id. les mêmes à canon, en plus 0 35
Id. d'armoire poussée, qualité supérieure :
515. Id. de 0,07 . . . . 3 30
516. Id. de 0,08 . . . . 3 40
517. Id. les mêmes à canon, en plus 0 35
Id. d'armoire, à 3 pènes et à canon :
518. Id. de 0,07 . . . . 6 75
519. Id. de 0,08 . . . . 6 95
Id. à pène dormant, noire, sans faux fond, sans gâche :
520. Id. de 0,04 . . . . 4 60
521. Id. de 0,16 . . . . 6 20
Id. à pène dormant, à entailler dans l'épaisseur du bois
avec gâche :
522. Id. de 0,07 à 0,08 . . . . 6 30

Serrures marquées ST :

Id. à pène dormant, à entailler dans l'épaisseur du bois avec gâche :

523. Id.	de 0,09	6ᶠ 60
524. Id.	de 0,10	6 90
525. Id. tour 1/2, bouton de coulisse sans gâche, cloison de 0,02 et de 0,08 de large : de 0,08		4 20
526. Id.	de 0,11	4 40
527. Id.	de 0,14	4 65
528. Id.	de 0,16	5 25
529. Id. cloison de 0,025 sur 0,085 : de 0,14		6 00
530. Id. à 2 pènes, 1/2 tour à foliot, avec gâche à baguette, entrée et rosette : de 0,14		6 40
531. Id.	de 0,16	7 00
532. Id. les mêmes avec 2 rondelles profilées, en plus.		0 55
533. Id. à 2 pènes avec rondelle, 1/2 tour à nervure, chanfrein de 32 degrés, gâche à baguette et monture à patte et tenon : de 0,14		7 89
534. Id.	de 0,16	8 49
535. Plus-value pour ajustement tubulaire avec foliot à galets.		2 10

Id. à 2 pènes, posée en long, 1/2 tour à foliot, avec gâche à baguette, entrée et rosette :

536. Id.	jusqu'à 0,08 de large	6 70
537. Id.	de 0,09	7 00
538. Id.	de 0,10	7 30

Id. à 2 pènes en long, 1/2 tour à nervure, chanfrein de 32 degrés, gâche à baguette sans tenon :

539. Id.	jusqu'à 0,08 de large	7 89
540. Id.	de 0,09	8 20
541. Id.	de 0,10	8 50
542. Id. à 2 pènes à entailler dans l'épaisseur du bois, en long : jusqu'à 0,08		6 60
543. Id.	de 0,09	6 90
544. Id.	de 0,10	7 20
545. Id.	en travers : de 0,12 et 0,14	8 10
546. Id. à entailler, à coulisse, sous plaque fixe sans gâche, en long : de 0,08		9 90
547. Id.	de 0,09	10 20
548. Id.	de 0,10	10 50
549. Id.	en travers : de 0,12 à 0,14	12 30

SERRURES marquées ST :

550. Id. à 2 pènes, cloison de 0,027 avec gâche à baguette,
     sans rondelle, de 0,16 sur 0,095................ 11 40
551. Id.   à chanfrein de 32 degrés, avec rondelles..... 12 60
552. Id.   avec ajustement tubulaire et foliot à galets.... 16 00
553. Id. de sûreté, garnitures blanchies, avec gâche à ba-
     guette, cloison de 0,020, à tour 1/2, à bouton de
     coulisse à verrou, de 0,14 de long............... 8 80
554. Id.   à bouton de coulisse, 1/2 tour à nervure, chan-
     frein de 32 degrés, 2 clefs : de 0,14....... 12 10
555. Id.   de 0,16....... 13 30
556. Id.   les mêmes, à queue à bouton rond, en plus... 0 60
557. Id.   id.   à foliot et rondelles profilées, en plus. 1 80
558. Id. de sûreté, à cloison de 0,027, bouton de coulisse,
     1/2 tour à nervure, chanfrein de 32 degrés et gâche,
     de 0,16 de long sur 0,095 de haut............... 18 00
559. Id.   les mêmes, à queue à bouton, en plus....... 0 60
560. Id.   id.   à foliot à rondelles profilées, en plus. 1 80
     Id. de sûreté, à gorges mobiles, 1/2 tour à nervure,
     chanfrein de 32 degrés, gâche à baguette :
561. Id.   en cloison de 0,020, à bouton de coul^{sse}, de 0,14 19 70
562. Id.   les mêmes, à queue à bouton, en plus....... 0 60
563. Id.   id.   à foliot à rondelles profilées, en plus. 1 80
     Id.   en cloison de 0,027 sur 0,095 de large :
564. Id.   de 0,16, à bouton de coulisse.......... 22 10
565. Id.   les mêmes, à queue à bouton, en plus....... 0 60
566. Id.   id.   à foliot et rondelles profilées, en plus. 1 80
     Id. de sûreté à pompe, avec 1/2 tour à nervure, chan-
     frein de 32 degrés et gâche encloisonnée, à baguette :
     en cloison de 0,020, à bouton de coulisse :
567. Id.   de 0,14........................... 26 20
568. Id.   de 0,16........................... 27 40
569. Id.   les mêmes, à queue à bouton, en plus........ 0 60
570. Id.   id.   à foliot et rondell. profilées, en plus 1 80
     Id.   en cloison de 0,027 sur 0,095 de large :
571. Id.   de 0,16, à bouton de coulisse.......... 28 70
572. Id.   à queue à bouton, en plus............. 0 60
573. Id.   à foliot et rondelles profilées, en plus.... 1 80
574. Id. de sûreté, à 2 canons, garnitures blanchies, à 2 clefs
     et 4 passe-partout, gâche à baguette et foliot : de 0,16. 27 50

SERRURES marquées ST :

575. Id. de sûreté, à 2 canons, garnitures blanchies, à 2 clefs et 4 passe-partout, gâche à baguette et foliot : de 0,20.   35ᶜ 90

     Id.   les mêmes, avec gâche à rouleau, en plus :

576. Id.   de 0,16......................   1 20

577. Id.   de 0,20......................   1 80

T

578. TOLE laminée, battue, dressée et clouée, pour doublure de volets.............................. k.   1 30

579. TRINGLES en fer pour rideaux, en fer blanchi, tous les numéros prix réduits :   de 0,40...........   0 05

580. Id.   de 0,50...........   0 08

581. Id.   de 0,60...........   0 12

582. Id.   de 0,70...........   0 15

583. Id.   en fer étamé : de 0,40...........   0 08

584. Id.   de 0,50...........   0 13

585. Id.   de 0,60...........   0 18

586. Id.   de 0,70...........   0 23

     TIREFOND (voyez Vis à tête carrée).

     TARGETTES en fer, platine noire et gâche, en place :

587. Id.   de 0,04...........   0 50

588. Id.   de 0,05...........   0 55

589. Id.   de 0,06...........   0 65

590. Id.   de 0,07...........   0 75

591. Id.   renforcées : de 0,05...........   0 70

592. Id.   de 0,06...........   0 85

593. Id.   de 0,07...........   1 05

594. Id.   de 0,08...........   1 30

     Id. en laiton avec gâche, non compris vis :

595. Id.   de 0,04...........   0 65

596. Id.   de 0,05...........   0 75

597. Id.   de 0,06...........   0 90

598. Id.   de 0,07...........   1 05

V

599. VIS à bois, tête plate ou ronde, tous les numéros prix réduits :   de 0,015...........   0,015

600. Vis à bois, à tête plate ou ronde, tous les numéros prix
      réduits :   de 0,025.......... 0,025
601. Id.   de 0,035.......... 0,035
602. Id.   de 0,045.......... 0 05
603. Id.   de 0,055.......... 0 09
604. Id.   de 0,065.......... 0 11
605. Id.   de 0,075.......... 0 13
606. Id.   de 0,085.......... 0 15
607. Id.   de 0,095.......... 0 17
608. Id.   de 0,10 .... 0 18
609. Id.   chaque centimètre au-dessus..... 0,015
610. Id. à bois en laiton, tête plate ou ronde, gonds, pitons
      et crochets d'armoire :   de 0,015.......... 0,025
611. Id.   de 0,025.......... 0 05
612. Id.   de 0,035.......... 0,085
613. Id.   de 0,045.......... 0 15
614. Id.   de 0,055.......... 0 20
615. Id.   de 0,060.......... 0 30
616. Id.   de 0,070.......... 0 34
617. Id.   de 0,080.......... 0 42
618. Id.   de 0,090.......... 0 49
619. Id.   de 0,100.......... 0 53
     Id. pour paumelles, tous les numéros prix réduits :
620. Id.   de 0,03.......... 0 06
621. Id.   de 0,04.......... 0,075
622. Id.   de 0,05.......... 0,105
623. Id.   de 0,06.......... 0,115
624. Id.   de 0,07.......... 0 13
625. Id.   de 0,08.......... 0 17
     Id. pour table, tous les numéros prix réduits :
626. Id.   de 0,09.......... 0 10
627. Id.   de 0,10.......... 0,115
628. Id.   de 0,11.......... 0,115
629. Id.   de 0,12.......... 0 12
630. Id.   de 0,13.......... 0 14
     Id. à bois, tête carrée, tous les numéros prix réduits :
631. Id.   de 0,04.......... 0 18
632. Id.   de 0,05.......... 0 19
633. Id.   de 0,06.......... 0 27
634. Id.   de 0,07.......... 0 30

Vis à bois, tête carrée, tous les numéros prix réduits :

635. Id.	de 0,08............	0f 38
636. Id.	de 0,09...........	0 40
637. Id.	de 0,10...........	0 43
638. Id.	de 0,11...........	0 44
639. Id.	de 0,12...........	0 47
640. Id.	de 0,13...........	0 50
641. Id.	de 0,14...........	0 54
642. Id.	de 0,15...........	0 57
643. Id.	de 0,16...........	0 61
644. Id.	de 0,17...........	0 65
645. Id.	de 0,18...........	0 66
646. Id.	de 0,19...........	0 68
647. Id.	de 0,20...........	0 72
648. Id.	pour chaque centimètre en sus.....	0 03

649. Plus-value pour les vis à tête à six pans, 7 % des prix ci-dessus .... 7 %

650. Verrou à ressort, 1/4 placard, pène de 0,018, compris conduits et gâche, en place, de 0,22 de long....... 1 30

651. Id.   chaque décimètre en plus ou en moins... 0 17

652. Id. id. 1/2 placard, pène de 0,023, compris conduits et gâche, en place, de 0,22 de long............. 1 50

653. Id.   chaque décimètre en plus ou en moins... 0 22

654. Id. id. 3/4 placard, pène de 0,028, compris conduits et gâche, en place, de 0,22 de long............. 1 70

655. Id.   chaque décimètre en plus ou en moins... 0 27

656. Id. id. placard, pène de 0,031, compris conduits et gâche, en place, de 0,22 de long............... 1 90

657. Id.   chaque décimètre en plus ou en moins... 0 33

658. Id. à tige 1/2 ronde, 1/4 placard, pène de 0,018, compris conduits et gâche, en place, de 0,22 de long... 1 55

659. Id.   chaque décimètre en plus ou en moins... 0 19

660. Id. id. 1/2 placard, pène de 0,023, compris conduits et gâche, en place, de 0,22 de long............. 1 80

661. Id.   chaque décimètre en plus ou en moins... 0 26

662. Id. id. 3/4 placard, pène de 0,028, compris conduits et gâche, de 0,22 de long..................... 2 05

663. Id.   chaque décimètre en plus ou en moins... 0 32

664. Id. id. placard, pène de 0,031, compris conduits et gâche, de 0,22 de long...................... 2 25

665. Verrou,   chaque décimètre en plus ou en moins...   0ᶠ 39

Id. à coquille en cuivre, monté sur platine, entaillé en feuillure, compris gâche :

666. Id. platine de 0,014 à 0,02 de large, de 0,22 de longueur.............................   1 85
667. Id.   chaque décimètre en plus ou en moins...   0 20
668. Id. platine de 0,022 à 0,027 de large, de 0,22 de longueur.............................   2 15
669. Id.   chaque décimètre en plus ou en moins...   0 22
670. Id. platine de 0,03 à 0,035 de large, de 0,22 de longʳ.   2 45
671. Id.   chaque décimètre en plus ou en moins...   0 25

Id. en cuivre entaillé, à bouton de coulisse et gâche :

672. Id.   de 0,03................   0 85
673. Id.   de 0,04................   0 95
674. Id.   de 0,05................   1 05
675. Id.   de 0,06................   1 15
676. Id.   de 0,07................   1 25

Vasistas en fer rainé, assemblé, en place :

677. Id.   de 0,009...........m. l.   3 46
678. Id.   de 0,010........... id.   3 68
679. Id.   de 0,011........... id.   3 92
680. Id.   de 0,012........... id.   4 16
681. Id.   de 0,013........... id.   4 40
682. Id.   de 0,014........... id.   4 66
683. Id.   de 0,015........... id.   4 92
684. Id. en fer, double châssis en tôle formant battement.. id.   1 55

Verroux marqués ST :

685. Id. tige 1/2 ronde avec bouton en cuivre, boîte en fonte et gâche, en place, nᵒ 1, de 0,30 de longueur......   3 10
686. Id.   chaque décimètre en plus ou en moins...   0 18
687. Id. tige 1/2 ronde avec bouton en cuivre, boîte en fonte et gâche, en place, nᵒ 2, de 0,30 de longueur......   3 40
688. Id   chaque décimètre en plus ou en moins...   0 20
689. Id.   id.   nᵒ 3, de 0,30 de longueur......   5 00
690. Id.   chaque décimètre en plus ou en moins...   0 25
691. Id. tige 1/2 ronde avec bouton, boîte, conduits et gâche en cuivre, en place, nᵒ 1, de 0,30 de longueur.....   4 40
692. Id.   chaque décimètre en plus ou en moins...   0 18
693. Id.   id.   nᵒ 2, de 0,30 de longueur......   5 05
694. Id.   chaque décimètre en plus ou en moins...   0 20

Verroux marqués ST, à coquille en cuivre, sur platine
entaillée en feuillure, en place :

695.	Id. platine de 0,018 à 0,020 de large et 0,30 de long.	3ᶠ 65
696.	Id. chaque décimètre en plus ou en moins...	0 25
697.	Id. platine de 0,027 de large et 0,30 de longueur....	4 60
698.	Id. chaque décimètre en plus ou en moins...	0 35
699.	Id. platine de 0,035 de large et 0,30 de longueur....	5 60
700.	Id. chaque décimètre en plus ou en moins...	0 40

FUMISTERIE.

A

1.	Atre de cheminée en carreaux de Gironde, taillés, pièce	2 50.
2.	Id. élevé en fonte, posé sur tasseaux en briques, avec conduit d'air, non compris la plaque de fonte, pièce	2 50
3.	Appareil Fondet en fonte, non compris pose, le centimètre de largeur.............................	1 00

B

4.	Badigeon à la chaux et à l'alun, à deux couches, fait à la corde, compris léger grattage............. m. s.	0 15
5.	Buses (de 0,11 sur 0,22) pour bouts de tuyaux.. pièce	0 75
6.	Briques réfractaires de choix................ le ⁰/₀₀	90 00

C

Calorifères, fourneaux, étuves, etc., en briques réfractaires (comme à la Maçonnerie).

Construction d'un poêle en faïence ou en biscuit, sur ferrures ou sur place :

7.	Id. cubant 0,500...........................m. c.	40 00
8.	Id. cubant moins de 0,500, augmentation de 4 fr. par chaque dixième de mètre cube.................	4 00
9.	Id. cubant plus de 0,500, diminution de 2 fr. 50 par dixième de mètre cube......................	2 50
10.	La diminution devra s'arrêter à 1 mètre cube......... *Observ.*	

CHASSIS à rideau en tôle forte vernie au feu, avec moulures en cuivre, 2 poids :

11.	Id.	moulures de 0,03 à 0,04 : de 0,30 à 0,35.... pièce		7ᶠ 25
12.	Id.	de 0,36 à 0,40....	id.	7 85
13.	Id.	de 0,41 à 0,45....	id.	8 50
14.	Id.	de 0,46 à 0,50....	id.	9 35
15.	Id.	de 0,51 à 0,55....	id.	10 20
16.	Id.	de 0,56 à 0,60....	id.	11 00
17.	Id.	de 0,61 à 0,65....	id.	12 10
18.	Id.	de 0,66 à 0,70....	id.	13 10
19.	Id.	de 0,71 à 0,75....	id.	14 45
20.	Id.	de 0,76 à 0,80....	id.	16 15
21.	Id.	moulures de 0,05 : de 0,30 à 0,35....	id.	8 15
22.	Id.	de 0,36 à 0,40....	id.	8 80
23.	Id.	de 0,41 à 0,45....	id.	9 45
24.	Id.	de 0,46 à 0,50....	id.	10 75
25.	Id.	de 0,51 à 0,55....	id.	11 65
26.	Id.	de 0,56 à 0,60....	id.	12 80
27.	Id.	de 0,61 à 0,65....	id.	14 00
28.	Id.	de 0,66 à 0,70....	id.	15 20
29.	Id.	de 0,71 à 0,75....	id.	16 50
30.	Id.	de 0,76 à 0,80....	id.	18 50
31.	Id.	moulures de 0,065 : de 0,30 à 0,35....	id.	9 00
32.	Id.	de 0,36 à 0,40....	id.	9 90
33.	Id.	de 0,41 à 0,45....	id.	10 55
34.	Id.	de 0,46 à 0,50....	id.	12 10
35.	Id.	de 0,51 à 0,55....	id.	13 20
36.	Id.	de 0,56 à 0,60....	id.	14 30
37.	Id.	de 0,61 à 0,65....	id.	15 40
38.	Id.	de 0,66 à 0,70....	id.	16 70
39.	Id.	de 0,71 à 0,75....	id.	18 50
40.	Id.	de 0,76 à 0,80....	id.	20 45
41.	CHEVRETTES en fer :	au-dessous de 0,16....	id.	0 45
42.	Id.	de 0,16....	id.	0 55
43.	Id.	de 0,19....	id.	0 65
44.	Id.	de 0,24....	id.	0 90
45.	CREVASSES bouchées sur les souches de cheminées.		m. l.	0 40
46.	Id.	à l'intérieur des gaines......	id.	0 60
47.	CROISSANTS en fer avec bouton en cuivre........		paire	1 25
48.	Id.	en cuivre avec rosace...............	id.	3 00

49. CHEMINÉE prussienne, chambranle et tablette en marbre, moulures et corniche en cuivre, 3 plaques en fonte, le mètre linéaire de frise 90f 00

50. Id. chambranle en tôle vernie, tablette en marbre, moulures et corniche en cuivre, 3 plaques de fonte, le mètre linéaire de frise 75 00

51. CHENÊTS en fonte .... k. 0 50

COLONNE en tôle vernie au feu de 0,002 d'épaisseur, embase et chapiteau en cuivre :

52. Id. de 0,14 de diamètre et 1,40 de hauteur 14 90

53. Id. chaque décimètre en plus ou en moins ... 0 80

54. Id. de 0,16 de diamètre et 1,40 de hauteur 16 70

55. Id. chaque décimètre en plus ou en moins ... 0 90

56. Id. de 0,18 de diamètre et 1,40 de hauteur 18 75

57. Id. chaque décimètre en plus ou en moins ... 1 05

58. Id. de 0,20 de diamètre et 1,40 de hauteur 20 60

59. Id. chaque décimètre en plus ou en moins ... 1 15

60. Id. de 0,22 de diamètre et 1,40 de hauteur 22 45

61. Id. chaque décimètre en plus ou en moins ... 1 25

62. CLEF pour poêle .... pièce 1 25

63. COLONNE en faïence d'une seule pièce, de 1,00 de hauteur : n° 1 .... 17 00

64. Id. n° 2 .... 18 00

65. Id. n° 3 .... 19 00

66. Id. n° 4 .... 20 00

67. Id. n° 5 .... 21 00

68. Id. n° 6 .... 22 50

69. Id. n° 7 .... 24 00

Plus-value pour chaque 0,15 de hauteur :

70. Id. sur les n̛ 1, 2, 3 .... 2 00

71. Id. n̛ 4, 5 .... 2 50

72. Id n̛ 6, 7 .... 3 00

D

73. DEVANTURE de cheminée en cuivre, compris rideau, de 0,25 à 0,30 de profil ..... le mètre linéaire de frise 85 00

74. Id. id. en tôle vernie avec moulure et boudin en cuivre, compris rideau, de 0,25 à 0,30 de profil, le mètre linéaire de frise 35 00

F

FERRONNERIE (comme à la Serrurerie).

75. FIL DE FER à agrafes .... k.   1ᶠ 10
76. FONTE pour plaques unies ou cannelées, cloches pour
      calorifères, barreaux droits ou cintrés, etc..... k.   0 28
77. Id. sur modèle............................. id.   0 44
78. FOYER de cheminée à compartiments, frise de 0,30 à 035,
      les carreaux taillés et posés sur mortier hydrauli-
      que.....................................m. l.   5 00
79. Id.   id.   uni en carreaux de Gironde......pièce   2 50
80. Id.   id.   en briques à plat ....m. s.   7 00

G

81. GARDE-CENDRE en fer, avec carrelage à l'intérieur, pour
      poêles...................................pièce   10 00

I

INTÉRIEUR DE CHEMINÉE (voyez Rumfort).

J

82. JOURNÉE de fumiste 4 50
83. Id.   de garçon et apprentis 2 75

M

84. MITRE en grés ou terre cuite, jusqu'à 0,18 de diamètre,
      pour fourniture seulement......................   1 70
85. Id.   id.   compris pose et solins..............   3 00

N

NETTOYAGE, compris lessivage de faïence, recurage des
    cuivres et passage des tôles à la mine de plomb :
86. Id. d'un poêle portatif, à colonne, ou d'une cheminée
      prussienne....................................   1 90

87. NETTOYAGE d'un poêle de construction ordinaire, en faïence ou biscuit, avec dépose et repose de tablette et dégorgement des conduits intérieurs........... 2ᶠ 65

88. Id. d'un calorifère en fonte, avec démontage et remontage des pièces, frottage à la mine de plomb des tôles et recurage des cuivres...................... 3. 80

P

89. PANNEAUX en faïence ingerçable, 1ᵉʳ choix, jusqu'à 1ᵐ00 de hauteur............................. m.s. 25 00

POÊLE en fonte, dit à socle :

90. Id.	nº 1, de 0,15 de diamètre intérieur......	7 50
91. Id.	nº 2, de 0,16	8 50
92. Id.	nº 3, de 0,17	10 00
93. Id.	nº 4, de 0,18	12 00
94. Id.	nº 5, de 0,20	14 00
95. In.	nº 6, de 0,23	16 50
96. Id.	nº 7, de 0,25	21 00
97. Id.	nº 8, de 0,28	24 00

Id. en fonte, dit à piédestal :

98. Id.	nº 1.................................	17 00
99. Id.	nº 2.................................	20 00
100. Id.	nº 3.................................	23 00
101. Id.	nº 4.................................	26 50
102. Id.	nº 5.................................	30 00
103. Id.	nº 6.................................	34 50
104. Id.	nº 7.................................	38 50
105. Id.	nº 8.................................	43 00

Id. rectangulaire en faïence, mesures prises sous la tablette et compris pied pour la hauteur :

106. Id. nº 1 petit, de 0,33 de face, 0,41 de profondeur et 0,49 de hauteur, avec plaque en fonte sous-foyer et cercles en tôle.. 18 50

107. Id.	nº 1 grand,	de 0,33 × 0,47 × 0,68.....	22 50
108. Id.	nº 2	de 0,34 × 0,51 × 0,72.....	26 00
109. Id.	nº 3	de 0,42 × 0,54 × 0,75.....	30 00
110. Id.	nº 4	de 0,45 × 0,57 × 0,78.....	35 00
111. Id.	nº 5	de 0,49 × 0,63 × 0,88.....	40 00
112. Id.	nº 6	de 0,55 × 0,67 × 0,94.....	48 00

113. Poêle	n° 7, de 0,56 × 0,78 × 0,96...........	55ʳ 00

Plus-value pour socle et frise d'une seule pièce :

114. Id.	n° 2.................................	5 00
115. Id.	n° 3.................................	6 00
116. Id.	n° 4.................................	7 00
117. Id.	n° 5.................................	8 00
118. Id.	n° 6.................................	9 00
119. Id.	n° 7.................................	10 00

Plus-value pour cercles en cuivre :

120. Id.	n° 1.................................	1 50
121. Id.	n° 2, 3, 4..........................	2 25
122. Id.	n° 5, 6, 7	3 00

Nota. — Lorsque la tablette en faïence sera remplacée par une autre comptée séparément, il sera diminué sur les prix ci-dessus :

123.	n° 1, 2.................	(prix moyen).	2 50
124.	n° 3, 4.............................		4 00
125.	n° 5, 6, 7		6 00

Poêle rond en faïence, mesure prise de la corniche et compris pied pour la hauteur, tablette en marbre, cercles en cuivre :

126. Id.	n° 1, de 0,33 de diam. et 0,71 de haut...			36 00
127. Id.	n° 2, de 0,46	0,79	...	43 00
128. Id.	n° 3, de 0,50	0,82	...	50 00
129. Id.	n° 4, de 0,55	0,86	...	57 00
130. Id.	n° 5, de 0,60	0,90	...	67 00
131. Id.	n° 6, de 0,64	0,95	...	77 00
132. Id.	n° 7, de 0,70	1,00	...	91 00
133. Id.	n° 8, de 0,78	1,04	...	106 00
134. Id.	n° 9, de 0,82	1,06	...	120 00

Plus-value pour socle et corniche d'une seule pièce :

135. Id.	n° 1.................................	4 00
136. Id.	n° 2.................................	4 50
137. Id.	n° 3.................................	5 00
138. Id.	n° 4.................................	5 50
139. Id.	n° 5.................................	6 00
140. Id.	n° 6.................................	7 00
141. Id.	n° 7.................................	8 00
142. Id.	n° 8.................................	9 00
143. Id.	n° 9.................................	10 00

Lorsque les cercles seront en tôle au lieu d'être en cuivre, il sera fait une réduction :

144.   sur les nᵒˢ 1, 2, 3...........................   1 40
145.   sur les nᵒˢ 4, 5, 6...........................   1 70
146.   nᵒˢ 7, 8, 9............................   2 25

R

147. Ramonage d'une gaîne de cheminée.................   0 50
148. Id. de gaînes verticales et tuyaux de poêles, compris dépose et repose....................... m. l.   0 25
149. Rumfort pour cheminée ordinaire à coke, contre-cœur et contre-jambages en briques réfractaires, pans coupés, cylindre et contre-cylindre en briques de champ.   11 00
150. Id. pour cheminée ordinaire avec devanture en tôle, contre-cylindre en briques de champ, 3 plaques de fonte, non compris la devanture ni les fontes......   6 50
151. Id. pour cheminée ordinaire avec châssis, pans coupés, cylindre et contre-cylindre en briques de champ, 3 plaques de fonte, non compris le châssis ni les fontes.   7 75
152. Id. de cheminée ordinaire en briques réfractaires, contre-cœur, plaque de ventouse sur une barre de fer et plaque en fonte de 20 kil................. pièce   25 00
153. Id. id. en briques de champ....................   14 00

S

154. Solins en plâtre autour des cheminées.......... m. l.   0 45

T

155. Tampon en tôle, rond ou carré................. k.   1 20
156. Trappe en tôle pour ramoneur................. id.   1 40
157. Tuyaux en tôle de 0,001 d'épaisseur, compris coudes, en place :   de 0,06 de diamètre........ m. l.   1 90
158. Id.   de 0,07   .... id.   2 10
159. Id.   de 0,08   .... id.   2 30
160. Id.   de 0,09   .... id.   2 50
161. Id.   de 0,10   .... id.   2 70
162. Id.   de 0,11   .... id.   2 90

163. **Tuyaux** en tôle de 0,001 d'épaisseur, compris coudes,
en place :   de 0,12 de diamètre........ m.l.   3ᶠ 10
164. Id.   de 0,13   .... id.   3 30
165. Id.   de 0,14   .... id.   3 50
166. Id.   de 0,15   .... id.   3 70
167. Au-dessus de 0,15 de diamètre, les tuyaux seront comptés au kilogramme............................   1 05
168. **Tuyaux** en tôle vernie au feu, $1/_4$ en sus.............   1/4
169. Id. en tôle galvanisée, $1/_3$ en sus...................   1/3
170. Id. passés à la mine de plomb................ m.s.   0 45
171. **Terre** réfractaire .... m. c.   9 00

V

Ventouse en fonte, compris scellement :
172. Id.   de 0,13 de diamètre........... pièce.   0 90
173. Id.   de 0,16..................... id.   1 25
174. Id.   de 0,22..................... id.   2 00
175. Id.   de 0,24..................... id.   2 20
176. Id. en tôle grillagée, en place, de 0,11 de diamètre...   1 20

VITRERIE.

D

1. **Dépolissage** de verre à l'émeri................ m.s.   3 00
2. Id.   id.   au tampon............ id.   0 50

J

3. **Journée** de vitrier.............................   3 90

M

4. **Mastic** de vitrier pour fourniture.............. k.   0 50
5. **Masticage** de carreaux en réparation.......... m.l.   0 10

N

6. NETTOYAGE de carreaux de verre sur les 2 faces.. m.s.   0f 12
7. Id.   de glaces......................... id.   0 20

P

8. POSE DES VERRES hors mesure, simples, demi-doubles
    ou doubles, compris toutes fournitures, jusqu'à
    1^m 62 à l'équerre.................... pièce   0 50
9. Id.   de 1,63 à 1,74..................... id.   0 60
10. Id.   de 1,75 à 1,86..................... id.   0 70
11. Id.   de 1,87 à 2,01..................... id.   0 80
12. Id.   de 2,02 à 2,13..................... id.   0 90
13. Id.   de 2,14 à 2,22..................... id.   1 00
14. Id.   de 2,23 à 2,28..................... id.   1 10
15. Id.   de 2,29 à 2,40..................... id.   1 20
16. Id.   de 2,41 à 2,49..................... id.   1 30
17. PANNEAUX en verre et plomb................. m.s.   9 25

V

18. VERRE blanc du Nord, simple, n° 2............ m.s.   3 05
19. Id.   n° 3............ id.   2 80
20. Id.   n° 4............ id.   2 45
21. Id.   demi-double, n° 2............ id.   4 56
22. Id.   n° 3............ id.   4 20
23. Id.   n° 4............ id.   3 67
24. Id.   double, n° 2............ id.   6 09
25. Id.   n° 3............ id.   5 61
26. Id.   n° 4............ id.   4 91
27. Id.   de Lyon, simple, n° 2............ id.   2 42
28. Id.   n° 3............ id.   2 18
29. Id.   n° 4............ id.   2 02
30. Id.   demi-double, n° 2............ id.   3 63
31. Id.   n° 3............ id.   3 27
32. Id.   n° 4............ id.   3 04
33. Id.   double, n° 2............ id.   4 84

34.	**Verre** de Lyon, double, n° 3	m.s.	4f 36
35.	Id. n° 4	id.	4 05
36.	**Verre** cannelé	id.	5 90
37.	Id. cannelé à losanges	id.	9 40
38.	Id. mousseline, à dessins transparents	id.	8 17
	Id. cannelé ou à losanges, pour lanternes, de 0,005 à 0,006 :		
39.	Id. blanc	m.s.	13 20
40.	Id. vert	id.	11 00
41.	Id. à glace pour dalles, brut des deux faces	k.	1 60
	Vitrerie en verre simple du Nord, jusqu'à 0,002 d'épaisseur :		
42.	Id. n° 2	m.s.	4 70
43.	Id. n° 3	id.	4 43
44.	Id. n° 4	id.	4 04
45.	**Vitrerie** pour travaux d'entretien, n° 2	m.s.	5 25
46.	Id. n° 3	id.	4 98
47.	Id. n° 4	id.	4 59
	Id. en verre demi-double du Nord, d'au moins 0,0025 d'épaisseur :		
48.	Id. n° 2	m.s.	6 61
49.	Id. n° 3	id.	6 22
50.	Id. n° 4	id.	5 64
51.	Id. pour travaux d'entretien, n° 2	id.	7 16
52.	Id. n° 3	id.	6 77
53.	Id. n° 4	id.	6 19
	Id. en verre double du Nord, d'au moins 0,003 d'épaisseur :		
54.	Id. n° 2	m.s.	8 50
55.	Id. n° 3	id.	7 97
56.	Id. n° 4	id.	7 20
57.	Id. pour travaux d'entretien, n° 2	id.	9 35
58.	Id. n° 3	id.	8 82
59.	Id. n° 4	id.	8 05
60.	Id. en verre simple, de Lyon, n° 2	id.	4 00
61.	Id. n° 3	id.	3 75
62.	Id. n° 4	id.	3 57
63.	Id. pour travaux d'entretien, n° 2	id.	4 55
64.	Id. n° 3	id.	4 30
65.	Id. n° 4	id.	4 12

66. Vitrerie en verre demi-double, de Lyon, n° 2..... m.s.   5ᶠ 59
67. Id.   n° 3..... id.   5 20
68. Id.   n° 4..... id.   4 94
69. Id. pour travaux d'entretien,   n° 2..... id.   6 14
70. Id.   n° 3..... id.   5 75
71. Id.   n° 4..... id.   5 49
72. Id. en verre double de Lyon,   n° 2..... id.   7 12
73. Id.   n° 3..... id.   6 60
74. Id.   n° 4..... id.   6 25
75. Id. pour travaux d'entretien,   n° 2..... id.   7 97
76. Id.   n° 3..... id.   7 45
77. Id.   n° 4..... id.   7 10
78. Id. en verre cannelé........................ id.   7 84
79. Id. cannelé à losanges........................ id. 11 69
80. Id. en verre mousseline, à dessins transparents... id. 10 34

Id. en verre cannelé ou à losanges, de 0,005 à 0,006 :

81. Id.   blanc.............. m.s. 16 32
82. Id.   vert............... id. 13 90

83. *Nota.* Lorsque la vitrerie se fera avec des feuilles en-
    tières comprises dans les mesures du commerce, il
    sera fait une réduction de $\frac{1}{10}$ de la valeur du verre.   1/10

Dimensions des feuilles de verre comprises dans les mesures du commerce :

0,69 sur 0,54
0,75 sur 0,51
0,81 sur 0,48
0,84 sur 0,45
0,90 sur 0,42
0,96 sur 0,39
1,02 sur 0,36
1,08 sur 0,33
1,14 sur 0,30

Verre hors mesure, fourni mais non posé :
blanc du Nord, simple, 2ᵉ choix :

Dimensions :			Dimensions :		
84. Id.	0,42 sur 0,99 pièce.	2ᶠ 53	89. Id.	1,14 pièce.	4 07
85. Id.	1,02	2 75	90. Id.	1,17	4 51
86. Id.	1,05	3 02	91. Id.	1,20	5 00
87. Id.	1,08	3 30	92. Id.	1,23	5 55
88. Id.	1,11	3 63	93. Id.	1,26	5 99

Verre hors mesure, fourni mais non posé :
blanc du Nord, simple, 2ᵉ choix :

Dimensions :				Dimensions :			
94.	Id.	0,48 sur 1,29 pièce.	6ᶠ 49	131.	Id.	0,48 sur 1,38 pièce.	9ᶠ 35
95.	Id.	1,32	7 04	132.	Id.	1,41	10 34
96.	Id.	1,35	7 59	133.	Id.	1,44	11 66
97.	Id.	1,38	8 36	134.	Id.	1,47	13 20
98.	Id.	1,41	9 46	135.	Id.	0,51 sur 0,90	2 75
99.	Id.	0,45 sur 0,96	2 53	136.	Id.	0,93	2 97
100.	Id.	0,99	2 75	137.	Id.	0,96	3 19
101.	Id.	1,02	2 97	138.	Id.	0,99	3 41
102.	Id.	1,05	3 24	139.	Id.	1,02	3 63
103.	Id.	1,08	3 57	140.	Id.	1,05	3 90
104.	Id.	1,11	3 96	141.	Id.	1,08	4 18
105.	Id.	1,14	4 40	142.	Id.	1,11	4 51
106.	Id.	1,17	4 84	143.	Id.	1,14	4 89
107.	Id.	1,20	5 28	144.	Id.	1,17	5 28
108.	Id.	1,23	5 72	145.	Id.	1,20	5 66
109.	Id.	1,26	6 16	146.	Id.	1,23	6 05
110.	Id.	1,29	6 60	147.	Id.	1,26	6 60
111.	Id.	1,32	7 26	148.	Id.	1,29	7 26
112.	Id.	1,35	7 97	149.	Id.	1,32	8 19
113.	Id.	1,38	8 80	150.	Id.	1,35	9 07
114.	Id.	1,41	9 90	151.	Id.	1,38	10 06
115.	Id.	1,44	11 00	152.	Id.	1,41	11 00
116.	Id.	0,48 sur 0,93	2 69	153.	Id.	1,44	12 21
117.	Id.	0,96	2 86	154.	Id.	1,47	13 86
118.	Id.	0,99	3 02	155.	Id.	1,50	15 67
119.	Id.	1,02	3 24	156.	Id.	0,54 sur 0,87	2 86
120.	Id.	1,05	3 52	157.	Id.	0,90	3 08
121.	Id.	1,08	3 85	158.	Id.	0,93	3 30
122.	Id.	1,11	4 18	159.	Id.	0,96	3 57
123.	Id.	1,14	4 62	160.	Id.	0,99	3 85
124.	Id.	1,17	5 06	161.	Id.	1,02	4 12
125.	Id.	1,20	5 44	162.	Id.	1,05	4 40
126.	Id.	1,23	5 83	163.	Id.	1,08	4 73
127.	Id.	1,26	6 27	164.	Id.	1,11	5 06
128.	Id.	1,29	6 93	165.	Id.	1,14	5 39
129.	Id.	1,32	7 59	166.	Id.	1,17	5 72
130.	Id.	1,35	8 41	167.	Id.	1,20	6 16

Verre hors mesure, fourni mais non posé :
blanc du Nord, simple, 2e choix :

Dimensions :

N°		Dimensions	Prix
168.	Id.	0,54 sur 1,23 pièce.	6f 71
169.	Id.	1,26	7 26
170.	Id.	1,29	7 97
171.	Id.	1,32	8 80
172.	Id.	1,35	9 68
173.	Id.	1,38	10 61
174.	Id.	1,41	11 82
175.	Id.	1,44	13 20
176.	Id.	1,47	14 63
177.	Id.	1,50	16 50
178.	Id.	0,57 sur 0,84	2 97
179.	Id.	0,87	3 19
180.	Id.	0,90	3 46
181.	Id.	0,93	3 74
182.	Id.	0,96	4 01
183.	Id.	0,99	4 29
184.	Id.	1,02	4 56
185.	Id.	1,05	4 89
186.	Id.	1,08	5 22
187.	Id.	1,11	5 55
188.	Id.	1,14	5 88
189.	Id.	1,17	6 27
190.	Id.	1,20	6 82
191.	Id.	1,23	7 48
192.	Id.	1,26	8 14
193.	Id.	1,29	8 80
194.	Id.	1,32	9 51
195.	Id.	1,35	10 39
196.	Id.	1,38	11 44
197.	Id.	1,41	12 59
198.	Id.	1,44	13 91
199.	Id.	1,47	15 51
200.	Id.	1,50	17 60
201.	Id.	0,60 sur 0,81	3 13
202.	Id.	0,84	3 35
203.	Id.	0,87	3 63
204.	Id.	0,90	3 85

Dimensions :

N°		Dimensions	Prix
205.	Id.	0,60 sur 0,93 pièce.	4f 18
206.	Id.	0,96	4 51
207.	Id.	0,99	4 84
208.	Id.	1,02	5 17
209.	Id.	1,05	5 50
210.	Id.	1,08	5 88
211.	Id.	1,11	6 27
212.	Id.	1,44	6 71
213.	Id.	1,17	7 15
214.	Id.	1,20	7 64
215.	Id.	1,23	8 25
216.	Id.	1,26	8 91
217.	Id.	1,29	9 62
218.	Id.	1,32	10 56
219.	Id.	1,35	11 44
220.	Id.	1,38	12 37
221.	Id.	1,41	13 53
222.	Id.	1,44	14 96
223.	Id.	1,47	16 72
224.	Id.	1,50	19 03
225.	Id.	0,63 sur 0,63	2 20
226.	Id.	0,66	2 36
227.	Id.	0,69	2 53
228.	Id.	0,72	2 75
229.	Id.	0,75	2 97
230.	Id.	0,78	3 19
231.	Id.	0,81	3 46
232.	Id.	0,84	3 74
233.	Id.	0,87	4 01
234.	Id.	0,90	4 34
235.	Id.	0,93	4 67
236.	Id.	0,96	5 06
237.	Id.	0,99	5 44
238.	Id.	1,02	5 83
239.	Id.	1,05	6 21
240.	Id.	1,08	6 60
241.	Id.	1,11	7 04

Verre hors mesure, fourni mais non posé :
blanc du Nord, simple, 2e choix :

Dimensions :

242.	Id.	0,63 sur 1,14 pièce.	7f 59
243.	Id.	1,17	8 14
244.	Id.	1,20	8 69
245.	Id.	1,23	9 24
246.	Id.	1,26	9 79
247.	Id.	1,29	10 67
248.	Id.	1,32	11 55
249.	Id.	1,35	12 43
250.	Id.	1,38	13·31
251.	Id.	1,41	14 63
252.	Id.	1,44	16 39
253.	Id.	1,47	18 26
254.	Id.	1,50	20 51
255.	Id.	0,66 sur 0,66	2 64
256.	Id.	0,69	2 80
257.	Id.	0,72	3 02
258.	Id.	0,75	3 24
259.	Id.	0,78	3 52
260.	Id.	0,81	3 79
261.	Id.	0,84	4 12
262.	Id.	0,87	4 45
263.	Id.	0,90	4 84
264.	Id.	0,93	5 22
265.	Id.	0,96	5 61
266.	Id.	0,99	5 99
267.	Id.	1,02	6 43
268.	Id.	1,05	6 87
269.	Id.	1,08	7 37
270.	Id.	1,11	7 92
271.	Id.	1,14	8 47
272.	Id.	1,17	9 07
273.	Id.	1,20	9 68
274.	Id.	1,23	10 34
275.	Id.	1,26	11 00
276.	Id.	1,29	11 71
277.	Id.	1,32	12 54
278.	Id.	1,35	13 47

Dimensions :

279.	Id.	0,66 sur 1,38 pié.	14f 63
280.	Id.	1,41	16 11
281.	Id.	1,44	17 82
282.	Id.	1,47	19 80
283.	Id.	1,50	22 00
284.	Id.	0,69 sur 0,69	3 08
285.	Id.	0,72	3 30
286.	Id.	0,75	3 57
287.	Id.	0,78	3 85
288.	Id.	0,81	4 18
289.	Id.	0,84	4 51
290.	Id.	0,87	4 89
291.	Id.	0,90	5 33
292.	Id.	0,93	5 77
293.	Id.	0,96	6 21
294.	Id.	0,99	6 71
295.	Id.	1,02	7 20
296.	Id.	1,05	7 70
297.	Id.	1,08	8 25
298.	Id.	1,11	8 91
299.	Id.	1,14	9 57
300.	Id.	1,17	10 28
301.	Id.	1,20	11 00
302.	Id.	1,23	11 60
303.	Id.	1,26	12 54
304.	Id.	1,29	13 42
305.	Id.	1,32	14 41
306.	Id.	1,35	15 45
307.	Id.	1,38	16 50
308.	Id.	1,41	17 60
309.	Id.	1,44	19 25
310.	Id.	1,47	21 34
311.	Id.	1,50	23 48
312.	Id.	0,72 sur 0,72	3 63
313.	Id.	0,75	3 90
314.	Id.	0,78	4 23
315.	Id.	0,81	4 62

VITRERIE.

Verre hors mesure, fourni mais non posé :
blanc du Nord, simple, 2e choix :

Dimensions :

316. Id.	0,72 sur 0,84 pièce	5f 06
317. Id.	0,87	5 44
318. Id.	0,90	4 78
319. Id.	0,93	6 38
320. Id.	0,96	6 87
321. Id.	0,99	7 42
322. Id.	1,02	8 03
323. Id.	1,05	8 63
324. Id.	1,08	9 29
325. Id.	1,11	9 95
326. Id.	1,14	10 67
327. Id.	1,17	11 44
328. Id.	1,20	12 32
329. Id.	1,23	13 20
330. Id.	1,26	14 13
331. Id.	1,29	15 07
332. Id.	1,32	16 17
333. Id.	1,35	17 32
334. Id.	1,38	18 48
335. Id.	1,41	19 63
336. Id.	1,44	20 79
337. Id.	1,47	23 10
338. Id.	1,50	25 63
339. Id.	0,75 sur 0,75	4 29
340. Id.	0,78	4 67
341. Id.	0,81	5 11
342. Id.	0,84	5 50
343. Id.	0,87	5 94
344. Id.	0,90	6 49
345. Id.	0,93	7 04
346. Id.	0,96	7 59
347. Id.	0,99	8 14
348. Id.	1,02	8 80
349. Id.	1,05	9 46
350. Id.	1,08	10 23
351. Id.	1,11	11 00
352. Id.	1,14	11 88

Dimensions :

353. Id.	0,75 sur 1,17 pié	12f 76
354. Id.	1,20	13 75
355. Id.	1,23	14 74
356. Id.	1,26	15 89
357. Id.	1,29	17 16
358. Id.	1,32	18 48
359. Id.	1,35	19 80
360. Id.	1,38	21 12
361. Id.	1,41	22 44
362. Id.	1,44	23 98
363. Id.	1,47	25 52
364. Id.	1,50	28 05
365. Id.	0,78 sur 0,78	5 17
366. Id.	0,81	5 55
367. Id.	0,84	5 99
368. Id.	0,87	6 54
369. Id.	0,90	7 09
370. Id.	0,93	7 75
371. Id.	0,96	8 41
372. Id.	0,99	9 13
373. Id.	1,02	9 90
374. Id.	1,05	10 61
375. Id.	1,08	11 44
376. Id.	1,11	12 32
377. Id.	1,14	13 20
378. Id.	1,17	14 30
379. Id.	1,20	15 45
380. Id.	1,23	16 72
381. Id.	1,26	18 04
382. Id.	1,29	19 41
383. Id.	1,32	20 90
384. Id.	1,35	22 44
385. Id.	1,38	24 03
386. Id.	1,41	25 68
387. Id.	1,44	27 39
388. Id.	1,47	29 15
389. Id.	1,50	31 07

Verre hors mesure, fourni mais non posé :
blanc du Nord, simple, 2e choix :

Dimensions :

390.	Id.	0,81 sur 0,81	pièce. 6f 05
391.	Id.	0,84	6 60
392.	Id.	0,87	7 20
393.	Id.	0,90	7 86
394.	Id.	0,93	8 58
395.	Id.	0,96	9 24
396.	Id.	0,99	10 01
397.	Id.	1,02	10 83
398.	Id.	1,05	11 71
399.	Id.	1,08	12 59
400.	Id.	1,11	13 64
401.	Id.	1,14	14 79
402.	Id.	1,17	15 95
403.	Id.	1,20	17 16
404.	Id.	1,23	18 48
405.	Id.	1,26	20 02
406.	Id.	1,29	21 67
407.	Id.	1,32	23 37
408.	Id.	1,35	25 13
409.	Id.	1,38	26 95
410.	Id.	1,41	28 82
411.	Id.	1,44	30 74
412.	Id.	1,47	32 72
413.	Id.	1,50	34 76
414.	Id.	0,84 sur 0,84	7 26
415.	Id.	0,87	7 92
416.	Id.	0,90	8 63
417.	Id.	0,93	9 35
418.	Id.	0,96	10 23
419.	Id.	0,99	11 11
420.	Id.	1,02	11 99
421.	Id.	1,05	12 98
422.	Id.	1,08	14 08
423.	Id.	1,11	15 23
424.	Id.	1,14	16 39
425.	Id.	1,17	17 00
426.	Id.	1,20	18 97

Dimensions :

427.	Id.	0,84 sur 1,23	pià 20f 46
428.	Id.	1,26	22 11
429.	Id.	1,29	23 92
430.	Id.	1,32	25 79
431.	Id.	1,35	27 72
432.	Id.	1,38	29 70
433.	Id.	1,41	31 73
434.	Id.	1,44	33 82
435.	Id.	1,47	36 08
436.	Id.	1,50	38 33
437.	Id.	0,87 sur 0,87	8 69
438.	Id.	0,90	9 46
439.	Id.	0,93	10 34
440.	Id.	0,96	11 22
441.	Id.	0,99	12 15
442.	Id.	1,02	13 20
443.	Id.	1,05	14 35
444.	Id.	1,08	15 67
445.	Id.	1,11	16 99
446.	Id.	1,14	18 31
447.	Id.	1,17	19 69
448.	Id.	1,20	21 12
449.	Id.	1,23	22 66
450.	Id.	1,26	24 36
451.	Id.	1,29	26 12
452.	Id.	1,32	28 16
453.	Id.	1,35	30 36
454.	Id.	1,38	32 67
455.	Id.	1,41	35 03
456.	Id.	1,44	37 40
457.	Id.	1,47	39 87
458.	Id.	1,50	42 46
459.	Id.	0,90 sur 0,90	10 39
460.	Id.	0,93	11 38
461.	Id.	0,96	12 37
462.	Id.	0,99	13 42
463.	Id.	1,02	14 63

VITRERIE.

Vebre hors mesure, fourni mais non posé :
blanc du Nord, simple, 2ᵉ choix :

	Dimensions :				Dimensions :	
464. Id.	0,90 sur 1,05 pi.	15f 95	501. Id.	0,96 sur 0,99 pi.	16f 17
465. Id.	1,08	17 38	502. Id.	1,02	17 82
466. Id.	1,11	18 81	503. Id.	1,05	19 47
467. Id.	1,14	20 35	504. Id.	1,08	21 39
468. Id.	1,17	21 94	505. Id.	1,11	23 37
469. Id.	1,20	23 59	506. Id.	1,14	25 41
470. Id.	1,23	25 30	507. Id.	1,17	27 55
471. Id.	1,26	27 06	508. Id.	1,20	29 70
472. Id.	1,29	28 87	509. Id.	1,23	31 95
473. Id.	1,32	30 80	510. Id.	1,26	34 21
474. Id.	1,35	33 00	511. Id.	1,29	36 46
475. Id.	1,38	35 64	512. Id.	1,32	38 72
476. Id.	1,41	38 50	513. Id.	1,35	40 97
477. Id.	1,44	41 47	514. Id.	1,38	43 34
478. Id.	1,47	44 55	515. Id.	1,41	45 70
479. Id.	1,50	47 63	516. Id.	1,44	48 12
480. Id.	0,93 sur 0,93	12 43	517. Id.	1,47	53 02
481. Id.	0,96	13 53	518. Id.	1,50	58 85
482. Id.	0,99	14 74	519. Id.	0,99 sur 0,99	17 93
483. Id.	1,02	16 11	520. Id.	1,02	19 58
484. Id.	1,05	17 71	521. Id.	1,05	21 56
485. Id.	1,08	19 36	522. Id.	1,08	23 43
486. Id.	1,11	21 01	523. Id.	1,11	25 63
487. Id.	1,14	22 88	524. Id.	1,14	27 99
488. Id.	1,17	24 75	525. Id.	1,17	30 36
489. Id.	1,20	26 67	526. Id.	1,20	32 78
490. Id.	1,23	28 60	527. Id.	1,23	35 31
491. Id.	1,26	30 52	528. Id.	1,26	37 95
492. Id.	1,29	32 45	529. Id.	1,29	40 15
493. Id.	1,32	34 37	530. Id.	1,32	42 46
494. Id.	1,35	36 30	531. Id.	1,35	44 77
495. Id.	1,38	38 61	532. Id.	1,38	47 41
496. Id.	1,41	42 07	233. Id.	1,41	50 05
497. Id.	1,44	44 66	534. Id.	1,44	53 13
498. Id.	1,47	48 84	535. Id.	1,47	59 12
499. Id.	1,50	52 80	536. Id.	1,50	66 00
500. Id.	0,96 sur 0,96	14 79			

537. VERRE double, 2^e choix, hors mesure, le double des prix
    ci-dessus . . . . *Observ.*
538. Id. demi-double, 2e choix, hors mesure, prix moyen en-
    tre les prix du verre double et du verre simple . . . . . . *Observ.*
539. Id. 3e choix, hors mesure, ¹/₁₀ en moins que ceux de
    2e choix . . . . *Observ.*
540. Le verre 1er choix sera payé ¹/₁₀ en plus lorsqu'il aura
    été fourni sur ordre exprès . . . . *Observ.*

MARBRERIE.

C

1.	CARREAUX en liais, octogones	m. s.	8ᶠ 75
2.	Id.	carrés	id.	9 60
	Id.	en marbre noir, carrés :		
3.	Id.	de 0,07	le %	18 40
4.	Id.	de 0,079	id.	20 60
5.	Id.	de 0,09	id.	22 75
6.	Id.	de 0,101	id.	25 15
7.	Id.	de 0,112	id.	27 55
8.	Id.	de 0,124	id.	30 15
9.	Id.	de 0,135	id.	33 45
10.	Id.	de 0,16	id.	60 40
11.	Id.	de 0,19	id.	89 20
12.	Id.	de 0,22	id.	119 35
13.	Id.	de 0,24	id.	148 45
14.	Id.	de 0,27	id.	179 10
15.	Id.	de 0,30	id.	212 35
16.	Id.	de 0,325	id.	240 80
	CARREAUX en marbre blanc veiné, carrés :			
17.	Id.	de 0,16	le %	126ᶠ 40
18.	Id.	de 0,19	id.	160 85
19.	Id.	de 0,22	id.	196 35
20.	Id.	de 0,24	id.	230 95
21.	Id.	de 0,27	id.	267 10
22.	Id.	de 0,30	id.	305 85
23.	Id.	de 0,325	id.	339 80

CARRELAGE en carreaux de liais octogones, et carreaux
carrés de marbre noir :

	Carreaux en liais :	Carreaux de marbre :			
24.	Id. de 0,325	de 0,135......... m.s.		12f	85
25.	Id. de 0,30	de 0,124........ id.		13	35
26.	Id. de 0,27	de 0,112........ id.		13	75
27.	Id. de 0,24	de 0,101........ id.		14	40
28.	Id. de 0,22	de 0,090........ id.		15	10
29.	Id. de 0,19	de 0,079........ id.		16	30
30.	Id. de 0,16	de 0,070........ id.		18	05

31. Id. en carreaux carrés, marbre et pierre de 0,325,
pour façon..... .... id.   1 85

32. Plus-value progressive par chaque échantillon.... id.   0 15

33. CARRELAGE en carreaux carrés, tous en marbre,
pour façon............................. id.   2 10

34. Plus-value progressive par chaque échantillon.... id.   0 20

D

35. DÉCARRELAGE de carreaux en pierre et marbre, compris
nettoyage...............................m.s.   0 60

F

36. FROTTAGE, passage au grés et ponçage de carrelage,
pierre et marbre, les carreaux de marbre passés à
l'huile..............................m.s.   0 45

J

37. JOURNÉE de marbrier poseur......................   5 50

M

MARBRES en tranches, de 0,022 d'épaisseur pour chambranles de cheminées, tablettes, etc., mis en place.
Des Pyrénées : statuaire de Saint-Béat :

38.	Id.	1er choix............. m.s.	55	25
39.	Id.	2e choix............. id.	47	00
40.	Id.	ordinaire de Saint-Béat.. id.	18	00

Marbres en tranches, de 0,022 d'épaisseur, pour chambranles de cheminées, tablettes, etc., mis en place :

41.	Id. des Pyrénées :	Sérancolin, portor	m. s.	41ᶠ 25	
42.	Id.	Beyrède	id.	47 50	
43.	Id.	Campan mélangé et campan vert	id.	52 00	
44.	Id.	Bleu d'aspin et Lumachelle	id.	24 00	
45.	Id.	Grand antique	id.	50 00	
46.	Id.	Brèche Médoux	id.	39 25	
47.	Id.	Rosé clair	id.	28 25	
48.	Id.	Brèche grise et jaune	id.	27 00	
49.	Id.	Griotte des Pyrénées	id.	27 00	
50.	Id.	Vert moulin	id.	28 25	
51.	Id. d'Espagne :	Brocatelle jaune	id.	50 00	
52.	Id.	violette	id.	54 25	
53.	Id. d'Italie :	Blanc statuaire, 1ᵉʳ choix.	id.	89 00	
54.	Id.	2ᵉ choix.	id.	69 25	
55.	Id.	Mi-statuaire	id.	48 25	
56.	Id.	Blanc veiné	id.	36 25	
57.	Id.	Blanc clair	id.	27 75	
58.	Id.	Bleu Turquin	id.	35 75	
59.	Id.	Bleu fleuri	id.	38 00	
60.	Id.	Portor	id.	66 00	
61.	Id.	Jaune de Sienne	id.	91 00	
62.	Id.	Vert de mer et vert de Gênes	id.	55 75	
63.	Id.	Vert d'Égypte	id.	46 75	
64.	Id.	Levanto	id.	43 00	
65.	Id. de Belgique :	Sainte-Anne belge	id.	24 25	
66.	Id.	Rouge de Flandre	id.	24 25	
67.	Id.	Noir fin de Dinant	id.	36 50	
68.	Id.	Noir demi-fin	id.	27 50	
69.	Id.	Granit Feluil	id.	21 25	
70.	Id. du Nord :	Sainte-Anne français	id.	19 25	
71.	Id.	Noir français	id.	20 00	
72.	Id.	id. boule de neige et amande	id.	18 75	
73.	Id.	glaçon fleuri	id.	22 00	
74.	Id.	Noir Bachan	id.	23 75	
75.	Id. du Pas-de-Calais :	Napoléon gris et rose	id.	20 25	
76.	Id.	Lunel uni	id.	22 50	
77.	Id.	Lunel fleuri	id.	25 00	

Marbres en tranches, de 0,022 d'épaisseur, pour chambranles de cheminées, tablettes, etc., mis en place :

78.	Id. de la Sarthe :	Sérancolin de l'Ouest...	m. s.	23f 50
79.	Id.	Rose Engugerais	id.	23 50
80.	Id. des B^{ches}-du-Rhône :	Brèche Saint-Victor.....	id.	27 00
81.	Id.	Galifet	id.	30 50
82.	Id.	d'Alep..........	id.	27 00
83.	Id.	Impériale	id.	25 50
84.	Id. du Var :	Brèche jaune de Tretz...	id.	29 00
85.	Id. du Jura :	Brocatelle jaune et violette	id.	36 50
86.	Id.	jaune fleuri....	id.	36 50
87.	Id. des Hautes-Alpes :	Vert de Maurin........	id.	48 25
88.	Id.	de Seilhac........	id.	45 00
89.	Id. des Vosges :	Brèche Napoléon.......	id.	34 50
90.	Id. de l'Hérault :	Griotte, dite d'Italie....,	id.	52 50
91.	Id.	œil de perdrix.........	id.	60 75
92.	Id.	Languedoc incarnat et rosé vif.............	id.	32 00

93. Plus-value pour chambranles à tablette profilée, par chaque chambranle.......................... 3 00

Marbres en tranches de plus de 0,022 d'épaisseur (pour la sur-épaisseur seulement) :

des Pyrénées : statuaires de Saint-Béat :

94.	Id.	1er choix..............	m. c.	1318 50
95.	Id.	2e choix.............	id.	947 50
96.	Id.	ordinaire de Saint-Béat..	id.	531 00
97.	Id.	Sérancolin, portor......	id.	1082 00
98.	Id.	Beyrède............,..	id.	1082 00
99.	Id.	Campan mélangé et campan vert............	id.	1306 50
100.	Id.	Bleu d'aspin et Lumachelle	id.	730 50
101.	Id.	Grand antique.........	id.	1242 50
102.	Id.	Brèche Médoux	id.	825 50
103.	Id. des Pyrénées :	Rosé clair............	id.	761 00
104.	Id.	Brèche grise et jaune.....	id.	665 00
105.	Id.	Griotte des Pyrénées....	id.	665 00
106.	Id.	Vert moulin..........	id.	761 00
107.	Id. d'Espagne :	Brocatelle jaune........	id.	1101 50
108.	Id.	violette......	id.	1218 50
109.	Id. d'Italie :	Blanc statuaire, 1er choix.	id.	2314 00

Marbres en tranches, de plus de 0,022 d'épaisseur (pour la sur-épaisseur seulement) :

110. Id. d'Italie :	Blanc statuaire, 2ᵉ choix.	m.c.	1819f 00
111. Id.	Mi-statuaire	id.	1509 00
112. Id.	Blanc veiné	id.	1022 50
113. Id.	Blanc clair	id.	901 50
114. Id.	Bleu Turquin	id.	1022 50
115. Id.	Bleu fleuri	id.	1083 00
116. Id.	Portor	id.	1598 00
117. Id.	Jaune de Sienne	id.	2015 00
118. Id.	Vert de mer et vert de Gênes	id.	1373 00
119. Id.	Vert d'Égypte	id.	1373 00
120. Id.	Levanto	id.	1309 00
121. Id. de Belgique :	Sainte-Anne belge	id.	966 00
122. Id.	Rouge de Flandres	id.	966 00
123. Id.	Noir fin de Dinant	id.	1190 00
124. Id.	Noir demi-fin	id.	997 50
125. Id.	Granit Feluil	id.	768 00
126. Id. du Nord :	Sainte-Anne français	id.	718 50
127. Id.	Noir français	id.	756 50
128. Id.	Noir boule de neige et amande	id.	718 50
129. Id.	Glageon fleuri	id.	718 50
130. Id.	Noir Bachan	id.	946 00
131. Id. du Pas-de-Calais :	Napoléon gris et rose	id.	966 00
132. Id.	Lunel uni	id.	718 50
133. Id.	Lunel fleuri	id.	842 00
134. Id. de la Sarthe :	Sérancolin de l'Ouest	id.	796 50
135. Id.	Rose engugerais	id.	796 50
136. Id. des Bᶜʰᵉˢ-du-Rhône :	Brèche Saint-Victor	id.	885 00
137. Id.	Galifet	id.	917 00
138. Id.	d'Alep	id.	853 00
139. Id.	Impériale	id.	776 00
140. Id. du Var :	Brèche jaune de Tretz	id.	880 50
141. Id. du Jura :	Brocatelle jaune et violette		1175 00
142. Id.	jaune fleuri	id.	1175 00
143. Id. des Hautes-Alpes,	Vert de Maurin	id.	1262 00
144. Id.	de Seilhac	id.	1148 50
145. Id. de l'Hérault :	Griotte, dite d'Italie	id.	1199 00
146. Id.	œil de perdrix	id.	1295 00

Marbres en tranches, de plus de 0,022 d'épaisseur (pour
la sur-épaisseur seulement) :

147. Id.   Languedoc incarnat et ro-
            sé vif................m.c. 910ᶠ 00

148. Id. des Vosges :   Brèche Napoléon....... id. 1048 00

P

149. Pose et scellement d'un chambranle en marbre à la
capucine, sans foyer......................... 2 00

150. Id.   avec foyer......................... 2 50

151. Id.   d'un chambranle avec encadrement et foyer
à compartiments.................... 4 00

PEINTURE.

B

1. Badigeon à la chaux et à l'alun, compris léger grattage, 1 couche........................... m.s.   0 08

2. Id.   chaque couche en sus....... id.   0 04

3. Blanc de mur et de plafond à la colle, 1 couche.. id.   0 10

4. Id.   chaque couche en sus....... id..   0 05

5. Briques sur fond à l'huile, 3 couches, avec filets d'appareil et frottis......................... m.s.   2 35

6. Bronze antique ou cuivre, à l'effet, sur fond à l'huile,
3 couches et 1 couche de vernis gras, compris ponçage................................... m.s.   2 28

7. Bois (faux bois) de toute nature, sur fond à l'huile,
3 couches et vernis, compris ponçage........ m.s.   2 38

8. Id.   id.   mais avec filets........ id.   2 98

9. Barreaux, jusques et ycompris 0,14 de développement
(au-dessus à compter en surface), compris grattage
et lessivage............................. m.l.   0 05

10. Id.   chaque couche en sus....... id.   0 04

11. Id. en noir au vernis, compris couche de fond.... id.   0 12

12. Id. en bronze, à l'effet..................... id.   0 25

13. Baguettes d'angle à l'huile, 1 couche.......... id.   0 04

14. Id.   chaque couche en sus....... id.   0 03

C

15. Coaltar étendu à chaud, 1 couche...............m.s. 0 20
16. Id.   chaque couche en sus.......... id. 0 15
    Chanfreins (voyez Rechampissage).
17. Cymaises à l'huile, 1 couche, compris lessivage et re-
    bouchages nécessaires........................m. l. 0 07
18. Id.   chaque couche en sus......... id. 0 04
    Coupe de pierre sur fond à l'huile, 3 couches :
19. Id.   à 1 filet.....................m. s. 1 20
20. Id.   à 2 filets................... id. 1 30
21. Id.   à 3 filets................... id. 1 40

D

22. Détrempe pour travaux ordinaires, 1 couche..... m.s. 0 10
23. Id.   chaque couche en sus........ id. 0 06
24. Id.   pour travaux soignés et blanc mat..... id. 0 14
25. Id.   chaque couche en sus......... id. 0 09
26. Plus-value pour chaque couche de teinte composée de
    couleurs fines................................. m.s. 0 08

E

27. Encollage.................................. m.s. 0 10

F

28. Ferrures, compris grattage et lessivage, en gris à
    l'huile, 1 couche........................... m. l. 0 05
29. Id.   chaque couche en sus........ id. 0 04
30. Toute pièce de ferrure ayant moins de 0,33 doit être
    comptée pour 0,33 .... Observ.
31. Plus-value pour emploi de minium, par couche... m. l. 0 02
32. Ferrures, compris grattage et lessivage, en noir au
    vernis, compris couche de fond............. m. l. 0 12
33. Id.   en bleu, 3 couches..................... id. 0 20
34. Id.   on bronze, à l'effet, 3 couches......... id. 0 25
    Faux bois (voyez Bois).
    Faux marbre (voyez Marbre).

G

35. Grattage des murs et plafonds................... m.s.   0f 10
36. Id.   et arrachage d'anciens papiers........ id.   0 05
37. Glacis en blanc de neige sur peinture en marbre blanc,
     ou pour remettre à neuf d'anciens décors..... m.s.   0 35
38. Id.   en couleurs fines, bleu d'outre-mer ou laque
     carminée........................ m.s.   0 95
39. Granit ord^re, non compris fond, pour chaque jetée. id.   0 06
40. Id.   chiqueté, non compr^s fond, pour chaque ton id.   0 20

H

41. Huile bouillante, 1 couche.................... m.s.   0 35
42. Id. (peinture à l'huile), 1 couche sur menuiserie, 1 ou
     2 tons.......................... m.s.   0 35
43. Id.   2 couches.............. id.   0 60
44. Id.   3 couches.............. id.   0 80
45. Chaque couche en plus...................... id.   0 18
46. Plus-value pour emploi de ces peintures sur mur, bri-
     ques ou bois lavés à la scie, 1re couche....... m.s.   0 05
47. Id.   2e id......... id.   0 03
48. Id.   3e id......... id.   0 02
49. Id. pour emploi de couleurs fines, par couche.... id. de 0,10 à 0,20
50. *Nota.* Lorsqu'il sera employé une couche d'huile bouil-
     lante, elle comptera toujours comme 1re couche.... *Observ.*

J

51. Journée de peintre......................   3 80

L

52. Lessivage à l'eau......................... m.s.   0 04
53. Id. à l'eau seconde........................ id.   0 08
54. Lettres romaines ordinaires, de 0,03 à 0,09.. chaque.   0 05
55. Id.   de 0,10 à 0,15.. id...   0 07
56. Id.   de 0,16 à 0,20.. id...   0 10
57. Id.   de 0,21 à 0,25.. id...   0 13

58. LETTRES romaines ordinaires, de 0,26 à 0,30.. chaque. 0f 20
59. Id.   de 0,31 à 0,35..   id... 0 26
60. Id.   de 0,36 à 0,40..   id... 0 32
61. Id.   de 0,41 à 0,45..   id... 0 39
62. Id.   de 0,46 à 0,50.,   id... 0 48
63. Id.   de 0,51 à 0,55..   id... 0 57
64. Id.   de 0,56 à 0,60..   id... 0 65
65. Id.   de 0,61 à 0,65..   id... 0 75
66. Id. capitales, anglaises comme romaines, le double..... *Observ.*
67. Id. ombrées spaltées, 2 couches, moitié en sus des prix
      ci-dessus .... *Observ.*
68. Id. de toutes couleurs, en relief........le centimètre. 0 03
69. Id. dorées, de 0,027 à 0,15........... id...... 0 06
70. Id.   de 0,16 à 0,31........... id...... 0 07
71. Id.   de 0,32 à 0,48........... id...... 0 10
72. Id. dorées et ombrées, la mesure prise sur l'or, un tiers
      en plus des prix ci-dessus.................... *Observ.*
73. Id. bronzées, ombrées et éclairées......le centimètre. 0 02
74. Id. repiquées .... id...... 0,025
75. Id. enlevées d'épaisseur.............. id...... 0,035

M

76. MASTICAGE et rebouchage sur menuiserie........ m.s. 0 10
77. MINIUM, une couche...................... id. 0 45
78. MARBRE (faux) de toutes couleurs, sur fond à l'huile, 3
      couches et vernis, compris ponçage.......... m.s. 2 38
79. Id. blanc veiné et granit caillouté, sur fond à l'huile,
      3 couches et vernis, compris ponçage........ m.s. 2 15

N

80. NOIR au vernis, 1 couche.................... m.s. 0 40
81. Id. chaque couche en plus.................. id. 0 35
82. NETTOYAGE de chambranle de cheminée à la capucine,
      compris foyer........................ pièce. 0 20
83. Id. de chambranle de cheminée à modillons, consoles
      ou pilastres, compris foyer.............. pièce 0 25

P

Peinture à la colle (Voyez Détrempe).
Id. à l'huile (voyez Huile).
Parquets mis en couleur :

84.	Id. au siccatif brillant, 1 couche............... m.s.	0 35
85.	Id. 2 couches.............. id.	0 65
86.	Id. à la colle, 1 couche...... id.	0 08
87.	Id. 2 couches..... id.	0 14
88.	Id. à l'huile, 1 couche...... id.	0 28
89.	Id. 2 couches..... id.	0 45
90.	Id. à l'encaustique, teinté ou non, et frotté...... id.	0 20

Plinthes de 0,15 de large au plus (au-dessus, à compter en surface), compris lessivage et rebouchage nécessaires :

91.	Id. à l'huile, 1 couche...................... m.l.	0 08
92.	Id. chaque couche en plus................ id.	0 04
93.	Id. vernies, en plus..................... id.	0 04
94.	Id. en marbre de toutes couleurs, sur fond à l'huile, 1 couche et vernies.................... m.l.	0 30
95.	Id. chaque couche en plus............... id.	0 05
96.	Plaque de propreté, en noir au vernis.........pièce	0 15

R

Rebouchage (voyez Masticage).

97.	Rechampissage de chanfreins............... m.l.	0 08
98.	Id. de têtes de boulons..................pièce	0 01
99.	Id. à l'échelle .... id.	0 02

V

100.	Vernis blanc à l'esprit de vin, ton clair......... m.s.	0 32
101.	Id. ton foncé .... id.	0 27
102.	Id. gras pour décors, 1 couche............ id.	0 40
103.	Id. chaque couche en plus............... id.	0 35
104.	Id. gras surfin, 1 couche............... id.	0 55

105. Vernis gras surfin, 2 couches................... m. s.   1 00
106. Id. anglais,   1 couche................... id.   0 75
107. *Nota.* Les croisées et châssis vitrés doivent être comptés
     au mètre superficiel, à trois quarts de face pour cha-
     que, ou fois et demie pour les deux............... *Observ.*
108. Les persiennes à fois et demie pour chaque face, eu
     égard au développement des lames............... *Observ.*

DORURE.

D

Dorure, compris tous les apprêts nécessaires pour travaux soignés :

1. Id.   à l'huile, parties unies....... m. s.   26 00
2. Id.   sculptées... id.   31 00
3. Id.   à l'eau, mate, parties unies... id.   35 00
4. Id.   sculptées... id.   40 00
5. Id.   à l'eau, brunie, parties unies. id.   50 00
6. Id.   sculptées... id.   70 00
7. Id.   au cuivre, parties unies..... id.   15 00
8. Id.   sculptées... id.   18 00
9. Plus-value pour dorure par petites parties (seront con-
     sidérées comme petites parties les surfaces détachées
     inférieures à un décimètre carré, les parties dont la lar-
     geur sera inférieure à trois centimètres), un dixième
     de la surface réelle........................... *Observ.*

J

10. Journée de doreur........................... 5 00

TENTURE.

B

1. Bandes de toile forte, fournies et collées pour char-
     nières.. m. l.   0 25
2. Id. à l'eau sur huisseries et bâtis.............. id.   0 10
3. Id. sous jonction de papier velouté............ id.   0 08

C

4. COLLAGE de papier de tenture ordinaire......... m.s.   0ᶠ 10
5. Id.   uni ou satiné.............. id.   0 13
6. Id.   marbre collé par assises ordʳᵉˢ. id.   0 15
7. Id.   velouté ou doré............ id.   0 20
8. Id. Plus-value pour collage sur plafond......... id.   0 04
9. COLLAGE de bordure, en papier mat............ m.l.   0 02
10. Id.   satiné.......... id.   0,025
11. Id.   satiné velouté.... id.   0 03

D

12. DÉCOUPAGE de bordures, d'un côté............ m.l.   0 04
13.   des deux côtés........ id.   0 08

E

14. ENCOLLAGE des murs avant la pose du papier..... m.s.   0 02

J

15. JOURNÉE de colleur...................'............   3 80

P

16. PAPIER gris, en place, sur mur ou sur toile...... m.s.   0 17
17. Id.   sur plafond............. id.   0 19
18. Id. bulle.................................. id.   0 20
19. Id. bleu, dans les armoires................... id.   0 22

     Nota. Chaque rouleau de papier de tenture doit couvrir
        une surface moyenne de 3ᵐ60.

T

20. TOILE neuve, compris marouflage.............. m.s.   0 55
21. Id. vieille détendue et retendue............... id.   0 20

MIROITERIE.

C

1. Coupe de glaces.............................. m.l.   1f 00

E

2. Étamage de glaces 15 % du prix des glaces.......... 15 0/0

G

Glaces (voyez prix des glaces).

J

3. Journée de miroitier........................... 5 00

P

4. Parquet de glace en sapin, assemblé à petits panneaux,
   avec bâtis d'entourage et bâtis intérieurs..... m. s.   4 25
5. Polissage de glaces, compris transport, 6f 50 % du
   prix des glaces 6f 50 0/0

6. **Prix des glaces** non étamées, de 1re qualité, fournies et posées par les miroitiers, en place :

Dimensions.	Prix.	Dimensions.	Prix.	Dimensions.	Prix.	Dimensions.	Prix.
0,06 s. 0,18	0f 34	0,06 s. 1,62	3f 25	0,09 s. 0,18	0f 47	0,09 s. 1,62	5f 30
0,21	0 37	1,65	3 34	0,21	0 57	1,65	5 35
0,24	0 42	1,68	3 46	0,24	0 63	1,68	5 56
0,27	0 47	1,71	3 51	0,27	0 73	1,71	5 67
0,30	0 53	1,74	3 57	0,30	0 79	1,74	5 77
0,33	0 58	1,77	3 62	0,33	0 89	1,77	5 88
0,36	0 63	1,80	3 67	0,36	1 00	1,80	6 03
0,39	0 68	1,83	3 72	0,39	1 05	1,83	6 14
0,42	0 74	1,86	3 88	0,42	1 15	1,86	6 24
0,45	0 79	1,89	3 93	0,45	1 26	1,89	6 40
0,48	0 84	1,92	3 99	0,48	1 34	1,92	6 51
0,51	0 94	1,95	4 04	0,51	1 42	1,95	6 64
0,54	1 00	1,98	4 09	0,54	1 52	1,98	6 72
0,57	1 05	2,01	4 25	0,57	1 63	2,01	6 93
0,60	1 10	2,04	4 30	0,60	1 68	2,04	7 03
0,63	1 15	2,07	4 35	0,63	1 78	2,07	7 14
0,66	1 20	2,10	4 41	0,66	1 89	2,10	7 24
0,69	1 26	2,13	4 54	0,69	1 99	2,13	7 45
0,72	1 31	2,16	4 57	0,72	2 10	2,16	7 56
0,75	1 41	2,19	4 67	0,75	2 15	2,19	7 66
0,78	1 47	2,22	4 78	0,78	2 31	2,22	7 77
0,81	1 52	2,25	4 83	0,81	2 36	2,25	7 98
0,84	1 57	2,28	4 88	0,84	2 46	2,28	8 08
0,87	1 62	2,31	4 93	0,87	2 57	2,31	8 19
0,90	1 68	2,34	5 09	0,90	2 67	2,34	8 40
0,93	1 73	2,37	5 14	0,93	2 78	2,37	8 50
0,96	1 84	2,40	5 19	0,96	2 83	2,40	8 64
0,99	1 89	2,43	5 30	0,99	2 94	2,43	8 74
1,02	1 94	2,46	5 35	1,02	3 09	2,46	8 92
1,05	1 99	2,49	5 41	1,05	3 15	2,49	9 08
1,08	2 10	2,52	5 56	1,08	3 25	2,52	9 18
1,11	2 15	2,55	5 61	1,11	3 36	2,55	9 29
1,14	2 20	2,58	5 72	1,14	3 54	2,58	9 45
1,17	2 31	2,61	5 77	1,17	3 57	2,61	9 60
1,20	2 36	2,64	5 82	1,20	3 67	2,64	9 74
1,23	2 41	2,67	5 98	1,23	3 83	2,67	9 97
1,26	2 46	2,70	6 03	1,26	3 94	2,70	10 08
1,29	2 52	2,73	6 09	1,29	4 04	2,73	10 18
1,32	2 57	2,76	6 19	1,32	4 09	2,76	10 29
1,35	2 68	2,79	6 24	1,35	4 25	2,79	10 55
1,38	2 73	2,82	6 30	1,38	4 35	2,82	10 65
1,41	2 78	2,85	6 45	1,41	4 46	2,85	10 76
1,44	2 83	2,88	6 54	1,44	4 56	2,88	10 86
1,47	2 94	2,91	6 64	1,47	4 72	2,91	11 13
1,50	2 99	2,94	6 66	1,50	4 83	2,94	11 23
1,53	3 09	2,97	6 72	1,53	4 93	2,97	11 39
1,56	3 15	3,00	6 87	1,56	5 09	3,00	11 49
1,59	3 20	3,03	6 98	1,59	5 20	3,03	11 76

Dimensions.	Prix.	Dimensions.	Prix.	Dimensions.	Prix.	Dimensions.	Prix.
0,12 s. 0,18	0f 63	0,12 s. 1,74	8f 24	0,15 s. 0,42	2f 00	0,15 s. 1,98	13f 07
0,21	0 73	1,77	8 45	0,45	2 15	2,01	13 44
0,24	0 84	1,80	8 61	0,48	2 37	2,04	13 65
0,27	1 00	1,83	8 76	0,51	2 47	2,07	14 04
0,30	1 10	1,86	9 03	0,54	2 68	2,10	14 22
0,33	1 24	1,89	9 18	0,57	2 83	2,13	14 43
0,36	1 34	1,92	9 45	0,60	2 99	2,16	14 80
0,39	1 47	1,95	9 60	0,63	3 15	2,19	15 40
0,42	1 58	1,98	9 66	0,66	3 31	2,22	15 38
0,45	1 68	2,01	10 02	0,69	3 51	2,25	15 59
0,48	1 83	2,04	10 13	0,72	3 67	2,28	15 96
0,51	1 94	2,07	10 29	0,75	3 88	2,31	16 47
0,54	2 10	2,10	10 60	0,78	4 04	2,34	16 59
0,57	2 20	2,13	10 71	0,81	4 25	2,37	16 80
0,60	2 36	2,16	10 86	0,84	4 44	2,40	17 04
0,63	2 47	2,19	11 18	0,87	4 67	2,43	17 43
0,66	2 57	2,22	11 34	0,90	4 83	2,46	17 65
0,69	2 73	2,25	11 49	0,93	4 98	2,49	18 06
0,72	2 83	2,28	11 76	0,96	5 20	2,52	18 27
0,75	2 99	2,31	11 91	0,99	5 41	2,55	18 69
0,78	3 15	2,34	12 23	1,02	5 61	2,58	19 11
0,81	3 25	2,37	12 39	1,05	5 77	2,61	19 32
0,84	3 46	2,40	12 54	1,08	6 03	2,64	19 53
0,87	3 57	2,43	12 86	1,11	6 19	2,67	19 84
0,90	3 67	2,46	13 02	1,14	6 45	2,70	20 10
0,93	3 88	2,49	13 17	1,17	6 61	2,73	20 31
0,96	3 99	2,52	13 49	1,20	6 82	2,76	20 63
0,99	4 09	2,55	13 65	1,23	7 18	2,79	20 89
1,02	4 30	2,58	13 80	1,26	7 24	2,82	21 21
1,05	4 44	2,61	14 12	1,29	7 50	2,85	21 42
1,08	4 56	2,64	14 26	1,32	7 74	2,88	21 78
1,11	4 77	2,67	14 64	1,35	7 98	2,91	21 99
1,14	4 88	2,70	14 80	1,38	8 13	2,94	22 36
1,17	5 09	2,73	14 96	1,41	8 45	2,97	22 57
1,20	5 19	2,76	15 27	1,44	8 61	3,00	22 78
1,23	5 35	2,79	15 48	1,47	8 92	3,03	23 15
1,26	5 56	2,82	15 64	1,50	9 08	0,18 s. 0,18	1 00
1,29	5 67	2,85	15 96	1,53	9 29	0,21	1 16
1,32	5 82	2,88	16 17	1,56	9 64	0,24	1 34
1,35	6 03	2,91	16 32	1,59	9 76	0,27	1 52
1,38	6 49	2,94	16 69	1,62	10 08	0,30	1 68
1,41	6 30	2,97	16 85	1,65	10 29	0,33	1 89
1,44	6 54	3,00	17 06	1,68	10 60	0,36	2 10
1,47	6 66	3,03	17 37	1,71	10 76	0,39	2 31
1,50	6 82	0,15 s. 0,18	0 79	1,74	11 07	0,42	2 47
1,53	7 03	0,21	0 95	1,77	11 28	0,45	2 68
1,56	7 17	0,24	1 10	1,80	11 49	0,48	2 83
1,59	7 40	0,27	1 26	1,83	11 81	0,51	3 10
1,62	7 56	0,30	1 42	1,86	12 02	0,54	3 25
1,65	7 66	0,33	1 52	1,89	12 33	0,57	3 55
1,68	7 92	0,36	1 68	1,92	12 55	0,60	3 67
1,71	8 08	0,39	1 84	1,95	12 91	0,63	3 94

15

Dimensions.	Prix.	Dimensions.	Prix.	Dimensions.	Prix.	Dimensions.	Prix.
0,18 s. 0,66	4f 09	0,18 s. 2,22	19f 74	0,21 s. 0,93	7f 61	0,21 s. 2,49	27f 61
0,69	4 35	2,25	20 10	0,96	7 93	2,52	27 93
0,72	4 56	2,28	20 47	0,99	8 19	2,55	28 40
0,75	4 83	2,31	20 73	1,02	8 55	2,58	28 87
0,78	5 09	2,34	21 10	1,05	8 92	2,61	29 19
0,81	5 30	2,37	21 36	1,08	9 18	2,64	29 66
0,84	5 56	2,40	21 78	1,11	9 56	2,67	30 18
0,87	5 77	2,43	22 05	1,14	9 81	2,70	30 50
0,90	6 03	2,46	22 41	1,17	10 18	2,73	30 97
0,93	6 24	2,49	22 73	1,20	10 60	2,76	31 34
0,96	6 51	2,52	23 10	1,23	10 86	2,79	31 81
0,99	6 72	2,55	23 36	1,26	11 23	2,82	32 34
1,02	7 04	2,58	23 73	1,29	11 65	2,85	32 65
1,05	7 24	2,61	24 04	1,32	11 91	2,88	33 18
1,08	7 56	2,64	24 46	1,35	12 33	2,91	33 70
1,11	7 77	2,67	24 83	1,38	12 65	2,94	34 02
1,14	8 08	2,70	25 14	1,41	13 07	2,97	34 54
1,17	8 40	2,73	25 51	1,44	13 49	3,00	34 91
1,20	8 61	2,76	25 83	1,47	13 75	3,03	35 38
1,23	8 92	2,79	26 25	1,50	14 22	0,24 s. 0,24	1 84
1,26	9 18	2,82	26 51	1,53	14 70	0,27	2 10
1,29	9 50	2,85	26 93	1,56	14 96	0,30	2 36
1,32	9 71	2,88	27 19	1,59	15 43	0,33	2 57
1,35	10 08	2,91	27 61	1,62	15 90	0,36	2 84
1,38	10 29	2,94	27 93	1,65	16 17	0,39	3 15
1,41	10 65	2,97	28 35	1,68	16 69	0,42	3 46
1,44	10 86	3,00	28 61	1,71	16 95	0,45	3 68
1,47	11 23	3,03	29 08	1,74	17 48	0,48	3 99
1,50	11 49	0,21 s. 0,21	1 37	1,77	17 95	0,51	4 3[illegible]
1,53	11 86	0,24	1 58	1,80	18 27	0,54	4 56
1,56	12 23	0,27	1 78	1,83	18 74	0,57	4 88
1,59	12 49	0,30	2 00	1,86	19 26	0,60	5 19
1,62	12 86	0,33	2 20	1,89	19 58	0,63	5 56
1,65	13 07	0,36	2 47	1,92	20 00	0,66	5 83
1,68	13 49	0,39	2 73	1,95	20 31	0,69	6 20
1,71	13 75	0,42	2 94	1,98	20 73	0,72	6 51
1,74	14 12	0,45	3 15	2,01	21 15	0,75	6 82
1,77	14 38	0,48	3 46	2,04	21 47	0,78	7 19
1,80	14 80	0,51	3 68	2,07	21 89	0,81	7 56
1,83	15 06	0,54	3 94	2,10	22 36	0,84	7 92
1,86	15 48	0,57	4 15	2,13	22 68	0,87	8 24
1,89	15 90	0,60	4 41	2,16	23 10	0,90	8 61
1,92	16 17	0,63	4 72	2,19	23 41	0,93	9 03
1,95	16 59	0,66	4 93	2,22	23 88	0,96	9 45
1,98	16 85	0,69	5 25	2,25	24 30	0,99	9 71
2,01	17 27	0,72	5 56	2,28	24 62	1,02	10 13
2,04	17 53	0,75	5 77	2,31	25 09	1,05	10 60
2,07	18 00	0,78	6 09	2,34	25 51	1,08	10 87
2,10	18 27	0,81	6 40	2,37	25 88	1,11	11 34
2,13	18 74	0,84	6 66	2,40	26 30	1,14	11 76
2,16	19 00	0,87	6 98	2,43	26 77	1,17	12 23
2,19	19 47	0,90	7 25	2,46	27 14	1,20	12 54

Dimensions.	Prix.	Dimensions.	Prix.	Dimensions.	Prix.	Dimensions.	Prix.
0,24 s. 1,23	13f 02	0,24 s. 2,79	37f 80	0,27 s. 1,56	21f 10	0,30 s. 0,36	3f 68
1,26	13 49	2,82	38 37	1,59	21 52	0,39	4 04
1,29	13 80	2,85	38 95	1,62	22 05	0,42	4 41
1,32	14 28	2,88	39 53	1,65	22 57	0,45	4 83
1,35	14 80	2,91	39 95	1,68	23 10	0,48	5 20
1,38	15 27	2,94	40 58	1,71	23 62	0,51	5 62
1,41	15 64	2,97	41 46	1,74	24 05	0,54	6 04
1,44	16 17	3,00	41 58	1,77	24 57	0,57	6 46
1,47	16 78	3,03	42 20	1,80	25 14	0,60	6 87
1,50	17 04	0,27 s. 0,27	2 36	1,83	25 67	0,63	7 25
1,53	17 53	0,30	2 68	1,86	26 25	0,66	7 74
1,56	18 06	0,33	2 94	1,89	26 77	0,69	8 13
1,59	18 63	0,36	3 26	1,92	27 19	0,72	8 64
1,62	19 00	0,39	3 57	1,95	27 77	0,75	9 08
1,65	19 53	0 42	3 94	1,98	28 35	0,78	9 64
1,68	20 00	0,45	4 25	2,01	28 92	0,81	10 08
1,71	20 47	0,48	4 57	2,04	29 50	0,84	10 60
1,74	20 84	0,51	4 93	2,07	29 92	0,87	11 07
1,77	21 31	0,54	5 30	2,10	30 50	0,90	11 49
1,80	21 78	0,57	5 67	2,13	31 08	0,93	12 02
1,83	22 15	0,60	6 03	2,16	31 74	0,96	12 54
1,86	22 62	0,63	6 40	2,19	32 28	0,99	13 07
1,89	23 10	0,66	6 72	2,22	32 65	1,02	13 65
1,92	23 57	0,69	7 14	2,25	33 33	1,05	14 23
1,95	23 94	0,72	7 56	2,28	33 94	1,08	14 80
1,98	24 46	0,75	7 98	2,31	34 54	1,11	15 38
2,01	24 93	0,78	8 40	2,34	35 17	1,14	15 96
2,04	25 30	0,81	8 74	2,37	35 59	1,17	16 59
2,07	25 83	0,84	9 18	2,40	36 22	1,20	17 04
2,10	26 30	0,87	9 60	2,43	36 85	1,23	17 64
2,13	26 82	0,90	10 08	2,46	37 48	1,26	18 27
2,16	27 19	0,93	10 55	2,49	38 11	1,29	18 90
2,19	27 72	0,96	10 86	2,52	38 74	1,32	19 53
2,22	28 24	0,99	11 39	2,55	39 21	1,35	20 40
2,25	28 61	1,02	11 86	2,58	39 84	1,38	20 63
2,28	29 43	1,05	12 33	2,61	40 53	1,41	21 24
2,31	29 66	1,08	12 86	2,64	41 16	1,44	21 78
2,34	30 24	1,11	13 23	2,67	41 84	1,47	22 35
2,37	30 60	1,14	13 75	2,70	42 31	1,50	22 78
2,40	31 13	1,17	14 28	2,73	42 94	1,53	23 36
2,43	31 71	1,20	14 80	2,76	43 62	1,56	23 94
2,46	32 23	1,23	15 33	2,79	44 31	1,59	24 54
2,49	32 65	1,26	15 90	2,82	44 99	1,62	25 45
2,52	33 18	1,29	16 27	2,85	45 45	1,65	25 72
2,55	33 76	1,32	16 85	2,88	46 14	1,68	26 30
2,58	34 17	1,35	17 43	2,91	46 83	1,71	26 93
2,61	34 70	1,38	18 00	2,94	47 54	1,74	27 56
2,64	35 28	1,41	18 59	2,97	48 49	1,77	28 14
2,67	35 80	1,44	19 00	3,00	48 66	1,80	28 61
2,70	36 22	1,47	19 58	3,03	49 40	1,83	29 24
2,73	36 80	1,50	20 10	0,30 s. 0,30	2 99	1,86	29 87
2,76	37 38	1,53	20 58	0,33	3 34	1,89	30 50

Dimensions.	Prix.
0,30 s. 1,92	34f 13
1,95	31 76
1,98	32 44
2,01	33 07
2,04	33 70
2,07	34 38
2,10	34 90
2,13	35 54
2,16	36 22
2,19	36 90
2,22	37 59
2,25	38 27
2,28	38 95
2,31	39 63
2,34	40 37
2,37	41 06
2,40	41 58
2,43	42 31
2,46	42 99
2,49	43 73
2,52	44 46
2,55	45 20
2,58	45 93
2,61	46 67
2,64	47 40
2,67	48 14
2,70	48 66
2,73	49 45
2,76	50 19
2,79	50 97
2,82	51 71
2,85	52 50
2,88	53 55
2,91	54 60
2,94	54 60
2,97	55 65
3,00	56 70
3,03	56 70
0,33 s. 0,33	3 73
0,36	4 10
0,39	4 52
0,42	4 93
0,45	5 35
0,48	5 83
0,51	6 25
0,54	6 72
0,57	7 19
0,60	7 66
0,63	8 19
0,66	8 74
0,69	9 19
0,72	9 71

Dimensions.	Prix.
0,33 s. 0,75	10f 29
0,78	10 84
0,81	11 39
0,84	11 94
0,87	12 49
0,90	13 07
0,93	13 70
0,96	14 28
0,99	14 91
1,02	15 54
1,05	16 17
1,08	16 85
1,11	17 48
1,14	18 16
1,17	18 84
1,20	19 53
1,23	20 16
1,26	20 73
1,29	21 36
1,32	21 94
1,35	22 60
1,38	23 20
1,41	23 83
1,44	24 46
1,47	25 09
1,50	25 72
1,53	26 35
1,56	27 03
1,59	27 66
1,62	28 35
1,65	29 03
1,68	29 66
1,71	30 35
1,74	31 02
1,77	31 76
1,80	32 44
1,83	33 12
1,86	33 81
1,89	34 54
1,92	35 28
1,95	35 96
1,98	36 69
2,01	37 43
2,04	38 16
2,07	38 90
2,10	39 63
2,13	40 42
2,16	41 16
2,19	41 95
2,22	42 68
2,25	43 47
2,28	44 25

Dimensions.	Prix.
0,33 s. 2,31	45f 04
2,34	45 83
2,37	46 62
2,40	47 40
2,43	48 19
2,46	49 03
2,49	49 82
2,52	50 66
2,55	51 45
2,58	52 29
2,61	53 55
2,64	53 60
2,67	54 60
2,70	55 65
2,73	56 70
2,76	57 75
2,79	57 95
2,82	58 80
2,85	59 85
2,88	60 90
2,91	61 95
2,94	63 00
2,97	64 05
3,00	64 05
3,03	65 40
0,36 s. 0,36	4 57
0,39	5 09
0,42	5 56
0,45	6 03
0,48	6 51
0,51	7 03
0,54	7 56
0,57	8 08
0,60	8 61
0,63	9 19
0,66	9 74
0,69	10 29
0,72	10 86
0,75	11 50
0,78	12 23
0,81	12 86
0,84	13 49
0,87	14 12
0,90	14 80
0,93	15 48
0,96	16 17
0,99	16 85
1,02	17 53
1,05	18 27
1,08	19 00
1,11	19 74
1,14	20 47

Dimensions.	Prix.
0,36 s. 1,17	21f 10
1,20	21 78
1,23	22 41
1,26	23 10
1,29	23 78
1,32	24 46
1,35	25 14
1,38	25 83
1,41	26 54
1,44	27 19
1,47	27 93
1,50	28 64
1,53	29 50
1,56	30 24
1,59	30 97
1,62	31 71
1,65	32 44
1,68	33 18
1,71	33 91
1,74	34 70
1,77	35 43
1,80	36 22
1,83	37 04
1,86	37 80
1,89	38 74
1,92	39 53
1,95	40 37
1,98	41 16
2,01	42 00
2,04	42 78
2,07	43 62
2,10	44 46
2,13	45 30
2,16	46 14
2,19	46 98
2,22	47 82
2,25	48 66
2,28	49 77
2,31	50 66
2,34	51 50
2,37	52 39
2,40	53 55
2,43	54 60
2,46	55 10
2,49	55 65
2,52	56 70
2,55	57 75
6,58	58 80
2,61	59 85
2,64	60 90
2,67	61 95
2,70	63 00

Dimensions.	Prix	Dimensions.	Prix.	Dimensions.	Prix.	Dimensions.	Prix.
6,36 s. 2,73	64f 05	0,39 s. 1,62	35f 17	0,42 s. 0,54	9f 19	0,42 s. 2,10	54f 60
2,76	65 10	1,65	35 96	0,57	9 82	2,13	55 65
2,79	65 50	1,68	36 80	0,60	10 60	2,16	56 70
2,82	66 15	1,71	37 64	0,63	11 23	2,19	57 75
2,85	67 20	1,74	38 48	0,66	11 91	2,22	58 80
2,88	68 25	1,77	39 48	0,69	12 65	2,25	59 85
2,91	68 55	1,80	40 37	0,72	13 49	2,28	60 90
2,94	69 30	1,83	41 21	0,75	14 22	2,31	63 00
2,97	70 35	1,86	42 05	0,78	14 96	2,34	64 05
3,00	71 40	1,89	42 94	0,81	15 94	2,37	65 10
3,03	72 45	1,92	43 83	0,84	16 69	2,40	66 15
0,39 s. 0,39	5 56	1,95	44 94	0,87	17 48	2,43	67 20
0,42	6 09	1,98	45 83	0,90	18 27	2,46	67 60
0,45	6 62	2,01	46 72	0,93	19 27	2,49	68 25
0,48	7 19	2,04	47 61	0,96	20 00	2,52	69 30
0,51	7 72	2,07	49 03	0,99	20 73	2,55	70 35
0,54	8 04	2,10	49 45	1,02	21 47	2,58	71 40
0,57	8 98	2,13	50 64	1,05	22 36	2,61	72 45
0,60	9 61	2,16	51 50	1,08	23 10	2,64	73 50
0,63	10 18	2,19	52 44	1,11	23 88	2,67	74 55
0,66	10 84	2,22	53 55	1,14	24 62	2,70	75 60
0,69	11 45	2,25	54 60	1,17	25 54	2,73	76 65
0,72	12 23	2,28	55 65	1,20	26 30	2,76	77 70
0,75	12 94	2,31	56 70	1,23	27 14	2,79	78 75
0,78	13 59	2,34	57 75	1,26	27 93	2,82	79 80
0,81	14 28	2,37	58 80	1,29	28 87	2,85	80 85
0,84	14 96	2,40	59 85	1,32	29 66	2,88	81 90
0,87	15 69	2,43	60 90	1,35	30 50	2,91	82 95
0,90	16 59	2,46	61 95	1,38	31 34	2,94	84 00
0,93	17 32	2,49	63 00	1,41	32 34	2,97	84 00
0,96	18 06	2,52	64 05	1,44	33 18	3,00	85 05
0,99	18 84	2,55	65 10	1,47	34 02	3,03	86 10
1,02	19 63	2,58	65 50	1,50	34 91	0,45 s. 0,45	7 98
1,05	20 34	2,61	66 15	1,53	35 90	0,48	8 65
1,08	21 10	2,64	67 20	1,56	36 80	0,51	9 29
1,11	21 84	2,67	68 25	1,59	37 69	0,54	10 08
1,14	22 52	2,70	69 30	1,62	38 75	0,57	10 76
1,17	23 25	2,73	70 35	1,65	39 63	0,60	11 50
1.20	23 94	2,76	71 40	1,68	40 58	0,63	12 34
1,23	24 67	2,79	71 90	1,74	41 47	0,66	13 07
1,26	25 54	2,82	72 45	1,74	42 58	0,69	14 02
1,29	26 30	2,85	73 50	1,77	43 52	0,72	14 80
1,32	27 03	2,88	74 55	1,80	44 46	0,75	15 59
1,35	27 72	2,91	75 60	1,83	45 41	0,78	16 59
1,38	28 56	2,94	76 65	1,86	46 56	>0,81	17 43
1,41	29 29	2,97	77 70	1,89	47 52	0,84	18 27
1,44	30 24	3,00	78 75	1,92	48 45	0,87	19 32
1,47	30 97	3,03	79 80	1,95	49 43	0,90	20 11
1,50	31 84	0,42 s. 0,42	6 67	1,98	50 66	0,93	20 89
1,53	32 60	0,45	7 25	2,01	51 60	0,96	21 78
1,56	33 39	0,48	7 93	2,04	52 50	0,99	22 57
1,59	34 33	0,54	8 55	2,07	53 55	1,02	23 36

Dimensions.	Prix.
0,45 s. 1,05	24f 30
1,08	25 14
1,11	25 98
1,14	26 93
1,17	27 77
1,20	28 64
1,23	29 66
1,26	30 50
1,29	31 55
1,32	32 44
1,35	33 33
1,38	34 39
1,41	35 33
1,44	36 22
1,47	37 32
1,50	38 27
1,53	39 24
1,56	40 37
1,59	41 31
1,62	42 31
1,65	43 47
1,68	44 46
1,71	45 46
1,74	46 67
1,77	47 67
1,80	48 66
1,83	49 92
1,86	50 97
1,89	52 23
1,92	53 55
1,95	54 60
1,98	55 65
2,01	56 70
2,04	57 75
2,07	58 80
2,10	59 85
2,13	60 90
2,16	63 00
2,19	64 05
2,22	65 10
2,25	66 15
2,28	67 20
2,31	68 25
2,34	69 30
2,37	70 35
2,40	71 40
2,43	72 45
2,46	73 50
2,49	74 55
2,52	75 60
2,55	76 65
2,58	77 70

Dimensions.	Prix.
0,45 s. 2,61	78f 75
2,64	79 80
2,67	80 85
2,70	81 90
2,73	82 95
2,76	84 00
2,79	85 05
2,82	86 10
2,85	87 15
2,88	88 20
2,91	89 25
2,94	90 30
2,97	91 35
3,00	92 40
3,03	94 50
0,48 s. 0,48	9 45
0,51	10 13
0,54	10 86
0,57	11 76
0,60	12 55
0,63	13 49
0,66	14 28
0,69	15 28
0,72	16 17
0,75	17 00
0,78	18 06
0,81	19 00
0,84	20 00
0,87	20 84
0,90	21 78
0,93	22 63
0,96	23 57
0,99	24 46
1,02	25 30
1,05	26 30
1,08	27 19
1,11	28 24
1,14	29 13
1,17	30 24
1,20	31 13
1,23	32 23
1,26	33 18
1,29	34 12
1,32	35 28
1,35	36 22
1,38	37 38
1,41	38 37
1,44	39 53
1,47	40 58
1,50	41 58
1,53	42 78
1,56	43 83

Dimensions.	Prix.
0,48 s. 1,59	45f 10
1,62	46 15
1,65	47 40
1,68	48 45
1,71	49 77
1,74	50 87
1,77	51 97
1,80	53 55
1,83	54 60
1,86	55 65
1,89	56 70
1,92	58 80
1,95	59 85
1,98	60 90
2,01	61 95
2,04	63 00
2,07	65 10
2,10	66 15
2,13	67 20
2,16	68 25
2,19	69 30
2,22	70 35
2,25	71 40
2,28	72 45
2,31	73 50
2,34	74 55
2,37	75 60
2,40	76 65
2,43	77 70
2,46	78 75
2,49	79 80
2,52	84 90
2,55	82 95
2,58	84 00
2,61	85 05
2,64	86 10
2,67	87 15
2,70	88 20
2,73	89 25
2,76	91 35
2,79	92 40
2,82	93 45
2,85	94 50
2,88	95 55
2,91	96 60
2,94	97 65
2,97	99 75
3,00	100 80
3,03	104 85
0,54 s. 0,54	11 07
0,54	11 86
0,57	12 84

Dimensions.	Prix.
0,51 s. 0,60	13f 65
0,63	14 70
0,66	15 54
0,69	16 64
0,72	17 53
0,75	18 69
0,78	19 63
0,81	20 58
0,84	21 47
0,87	22 47
0,90	23 36
0,93	24 41
0,96	25 30
0,99	26 35
1,02	27 45
1,05	28 40
1,08	29 50
1,11	30 45
1,14	31 60
1,17	32 60
1,20	33 75
1,23	34 75
1,26	35 91
1,29	36 96
1,32	38 16
1,35	39 21
1,38	40 47
1,41	41 52
1,44	42 78
1,47	43 89
1,50	45 20
1,53	46 51
1,56	47 61
1,59	48 98
1,62	50 08
1,65	51 45
1,68	52 50
1,71	53 55
1,74	55 65
1,77	56 70
1,80	57 75
1,83	58 60
1,86	60 90
1,89	61 95
1,92	63 00
1,95	65 10
1,98	66 15
2,01	67 20
2,04	63 25
2,07	69 30
2,10	70 35
2,13	71 40

Dimensions.	Prix.	Dimensions.	Prix.	Dimensions.	Prix.	Dimensions.	Prix.
0,54 s. 2,16	73f 50	0,54 s. 1,20	36f 22	0,54 s. 2,76	105f 00	0,57 s. 1,83	68f 25
2,19	74 55	1,23	37 48	2,79	106 50	1,86	69 30
2,22	75 60	1,26	38 74	2,82	107 40	1,89	71 40
2,25	76 65	1,29	39 84	2,85	109 20	1,92	72 45
2,28	77 70	1,32	41 16	2,88	110 25	1,95	73 50
2,31	78 75	1,35	42 34	2,91	112 35	1,98	74 55
2,34	79 80	1,38	43 62	2,94	113 40	2,04	76 65
2,37	80 85	1,41	44 99	2,97	114 45	2,04	77 70
2,40	82 95	1,44	46 14	3,00	115 50	2,07	78 75
2,43	84 00	1,47	47 54	3.03	117 60	2,10	80 85
2,46	85 05	1,50	48 66	0,57 s. 0,57	14 85	2,13	81 90
2,49	86 10	1,53	50 08	0,60	15 96	2,16	82 95
2,52	87 15	1,56	51 50	0,63	16 96	2,19	85 05
2,55	89 25	1,59	52 50	0,66	18 16	2,22	86 40
2,58	90 30	1,62	54 60	0,69	19 42	2,25	87 45
2,61	91 35	1,65	55 65	0,72	20 47	2,28	88 20
2,64	92 40	1,68	56 70	0,75	21 42	2,31	90 30
2,67	93 45	1,71	58 80	0,78	22 52	2,34	91 35
2,70	95 55	1,74	59 85	0,81	23 62	2,37	93 45
2,73	96 60	1,77	60 90	0,84	24 62	2,40	94 50
2,76	97 65	1,80	63 00	1,87	25 77	2,43	95 55
2,79	98 70	1,83	64 05	0,90	26 93	2,46	97 65
2,82	99 75	1,86	65 10	0,93	28 08	2,49	98 70
2,85	101 85	1,89	67 20	0,96	29 13	2,52	99 75
2,88	102 90	1,92	68 25	0,99	30 34	2,55	101 85
2,91	103 95	1,95	69 30	1,02	31 60	2,58	102 90
2,94	105 00	1,98	70 35	1,05	32 65	2,61	105 00
2,97	107 10	2,01	71 40	1,08	33 94	2,64	106 05
3,00	108 15	2,04	73 50	1,11	35 22	2,67	107 40
3,03	109 20	2,07	74 55	1,14	36 33	2,70	109 20
0,54 s, 0,54	12 86	2,10	75 60	1,17	37 63	2,73	110 25
0,57	13 75	2,13	76 65	1,20	38 95	2,76	112 35
0,60	14 80	2,16	77 70	1,23	40 37	2,79	113 40
0,63	15 90	2,19	79 80	1,26	41 47	2,82	114 45
0,66	16 85	2,22	80 85	1,29	42 84	2,85	116 55
0,69	17 95	2,25	81 90	1,32	44 25	2,88	117 60
0,72	19 00	2,28	82 95	1,35	45 46	2,94	119 70
0,75	20 11	2,31	84 00	1,38	46 88	2,94	120 75
0,78	21 10	2,34	86 10	1,41	48 30	2,97	122 85
0,84	22 05	2,37	87 45	1,44	49 77	3,00	123 90
0,84	23 10	2,40	88 20	1,47	51 03	3,03	126 00
0,87	24 04	2,43	90 30	1,50	52 50	0.60 s. 0,60	17 04
0,90	25 14	2,46	91 35	1,53	53 55	0,63	18 27
0,93	26 25	2,49	92 40	1,56	55 65	0,66	19 53
0,96	27 19	2,52	93 45	1,59	56 70	0,69	20 63
0,99	28 35	2,55	95 55	1,62	58 80	0,72	21 78
1,02	29 50	2,58	96 60	1,65	59 85	0,75	22 78
1,05	30 50	2,61	97 65	1,68	60 90	0,78	23 94
1,08	31 74	2,64	99 75	1,74	63 00	0,84	25 14
1,11	32 80	2,67	100 80	1,74	64 05	0,84	26 30
1,14	33 94	2,70	104 85	1,77	66 15	0,87	27 56
1,17	35 17	2,73	102 90	1,80	67 20	0,90	28 64

Dimensions.	Prix.	Dimensions.	Prix.	Dimensions.	Prix.	Dimensions.	Prix.
0,60 s. 0,93	29f 87	0,60 s. 2,49	105f 00	0,63 s. 1,62	67f 20	0,66 s. 0,78	27f 04
0,96	31 13	2,52	107 10	1,65	68 25	0,81	28 35
0,99	32 44	2,55	108 15	1,68	69 30	0,84	29 66
1,02	33 75	2,58	109 80	1,71	71 40	0,87	31 02
1,05	34 94	2,61	111 30	1,74	72 45	0,90	32 44
1,08	36 22	2,64	113 40	1,77	73 50	0,93	33 84
1,11	37 59	2,67	114 45	1,80	75 60	0,96	35 28
1,14	38 95	2,70	115 50	1,83	76 65	0,99	36 69
1,17	40 37	2,73	117 60	1,86	78 75	1,02	38 16
1,20	41 58	2,76	119 70	1,89	79 80	1,05	39 63
1,23	42 99	2,79	120 75	1,92	81 90	1,08	41 16
1,26	44 46	2,82	122 85	1,95	82 95	1,11	42 68
1,29	45 93	2,85	123 90	1,98	84 00	1,14	44 25
1,32	47 41	2,88	126 00	2,01	86 10	1,17	45 83
1,35	48 66	2,91	127 05	2,04	87 15	1,20	47 40
1,38	50 49	2,94	129 15	2,07	89 25	1,23	49 03
1,41	51 74	2,97	131 25	2,10	90 30	1,26	50 66
1,44	53 55	3,00	132 30	2,13	92 40	1,29	52 29
1,47	54 60	3,03	134 40	2,16	93 45	1,32	53 60
1,50	56 70	0,63 s. 0,63	19 58	2,19	95 55	1,35	55 65
1,53	57 75	0,66	20 74	2,22	96 60	1,38	57 73
1,56	59 85	0,69	21 89	2,25	98 70	1,41	58 80
1,59	60 90	0,72	23 10	2,28	99 75	1,44	60 90
1,62	63 00	0,75	24 31	2,31	101 85	1,47	63 00
1,65	64 05	0,78	25 54	2,34	102 90	1,50	64 05
1,68	66 15	0,81	26 77	2,37	105 00	1,53	66 15
1,71	67 20	0,84	27 93	2,40	107 10	1,56	67 20
1,74	68 25	0,87	29 29	2,43	108 15	1,59	69 30
1,77	70 35	0,90	30 50	2,46	110 25	1,62	70 35
1,80	71 40	0,93	31 84	2,49	111 30	1,65	71 40
1,83	72 45	0,96	33 18	2,52	113 40	1,68	73 50
1,86	74 55	0,99	34 54	2,55	114 45	1,71	74 55
1,89	75 60	1,02	35 94	2,58	116 55	1,74	76 65
1,92	76 65	1,05	37 32	2,61	118 65	1,77	77 70
1,95	78 75	1,08	38 74	2,64	119 70	1,80	79 80
1,98	79 80	1,11	40 00	2,67	121 80	1,83	80 85
2,01	80 85	1,14	41 47	2,70	123 90	1,86	82 95
2,04	82 95	1,17	42 94	2,73	124 95	1,89	84 00
2,07	84 00	1,20	44 46	2,76	127 05	1,92	86 10
2,10	85 05	1,23	45 99	2,79	128 10	1,95	88 20
2,13	87 15	1,26	47 54	2,82	130 20	1,98	89 25
2,16	88 20	1,29	49 08	2,85	132 30	2,01	91 35
2,19	90 30	1,32	50 66	2,88	133 35	2,04	92 40
2,22	91 35	1,35	52 23	2,91	135 45	2,07	94 50
2,25	92 40	1,38	53 55	2,94	137 05	2,10	95 55
2,28	94 50	1,41	55 65	2,97	138 10	2,13	97 65
2,31	95 55	1,44	56 70	3,00	140 70	2,16	99 75
2,34	97 65	1,47	58 80	3,03	142 80	2,19	100 80
2,37	98 70	1,50	59 85	0,66 s. 0,66	21 95	2,22	102 90
2,40	100 80	1,53	61 95	0,69	23 20	2,25	103 95
2,43	101 85	1,56	64 05	0,72	24 46	2,28	106 05
2,46	103 95	1,59	65 40	0,75	25 72	2,31	108 15

Dimensions.	Prix.	Dimensions.	Prix.	Dimensions.	Prix.	Dimensions.	Prix.
0,66 s. 2,34	109f 20	0,69 s. 1,53	69f 30	0,72 s. 0,75	28f 64	0,72 s. 2,34	119f 70
2,37	111 30	1,56	71 40	0,78	30 24	2,34	121 80
2,40	113 40	1,59	72 45	0,81	31 74	2,37	123 90
2,43	114 45	1,62	74 55	0,84	33 18	2,40	126 00
2,46	116 55	1,65	75 60	0,87	34 70	2,43	128 10
2,49	118 65	1,68	77 70	0,90	36 22	2,46	130 20
2,52	119 70	1,71	78 75	0,93	37 80	2,49	131 25
2,55	121 80	1,74	80 85	9,96	39 53	2,52	133 35
2,58	123 90	1,77	82 95	0,99	41 46	2,55	135 45
2,61	124 95	1,80	84 00	1,02	42 78	2,58	137 55
2,64	127 05	1,83	86 10	1,05	44 46	2,61	139 65
2,67	129 15	1,86	87 15	1,08	46 14	2,64	141 75
2,70	131 25	1,89	89 25	1,11	47 82	2,67	143 85
2,73	132 30	1,92	91 35	1,14	49 77	2,70	145 95
2,76	134 40	1,95	92 40	1,17	51 50	2,73	148 05
2,79	136 50	1,98	94 50	1,20	53 55	2,76	150 15
2,82	138 60	2,01	95 55	1,23	54 60	2,79	152 25
2,85	139 65	2,04	97 65	1,26	56 70	2,82	154 35
2,88	141 75	2,07	99 75	1,29	58 80	2,85	156 45
2,91	143 85	2,10	100 80	1,32	60 90	2,88	158 55
2,94	145 95	2,13	102 90	1,35	63 00	2,91	160 65
2,97	148 05	2,16	105 00	1,38	65 10	2,94	162 75
3,00	149 10	2,19	107 10	1,41	66 15	2,97	164 85
3,03	151 20	2,22	108 15	1,44	68 25	3,00	166 95
0,69 s. 0,69	24 51	2,25	110 25	1,47	69 30	3,03	169 05
0,72	25 83	2,28	112 35	1,50	71 40	0,75 s. 0,75	30 29
0,75	27 19	2,31	113 40	1,53	73 50	0,78	31 76
0,78	28 56	2,34	115 50	1,56	74 55	0,84	33 33
0,84	29 92	2,37	117 60	1,59	76 65	0,84	34 94
0,84	31 34	2,40	119 70	1,62	77 70	0,87	36 64
0,87	32 94	2,43	120 75	1,65	79 80	0,90	38 28
0,90	34 38	2,46	122 85	1,68	81 90	0,93	39 90
0,93	35 85	2,49	124 95	1,71	82 95	0,96	41 58
0,96	37 38	2,52	127 05	1,74	85 05	0,99	43 47
0,99	38 90	2,55	128 10	1,77	87 15	1,02	45 20
1,02	40 47	2,58	130 20	1,80	88 20	1,05	46 93
1,05	42 05	2,61	132 30	1,83	90 30	1,08	48 66
1,08	43 62	2,64	134 40	1,86	92 40	1,11	50 74
1,11	45 25	2,67	136 50	1,89	93 45	1,14	52 50
1,14	46 88	2,70	138 60	1,92	95 55	1,17	54 60
1,17	48 51	2,73	140 70	1,95	97 65	1,20	56 70
1,20	50 19	2,76	141 75	1,98	99 75	1,23	58 80
1,23	51 92	2,79	143 85	2,01	100 80	1,26	59 85
1,26	53 55	2,82	145 95	2,04	102 90	1,29	61 95
1,29	55 65	2,85	148 05	2,07	105 00	1,32	64 05
1,32	57 75	2,88	150 15	2,10	107 10	1,35	66 15
1,35	58 80	2,91	152 25	2,13	108 15	1,38	68 25
1,38	60 90	2,94	154 35	2,16	110 25	1,41	69 30
1,41	63 00	2,97	156 45	2,19	112 35	1,44	71 40
1,44	65 10	3,00	157 50	2,22	114 45	1,47	73 50
1,47	66 45	3,03	160 65	2,25	115 50	1,50	74 55
1,50	68 25	0,72 s. 0,72	27 19	2,28	117 60	1,53	76 65

Dimensions.	Prix.	Dimensions.	Prix.	Dimensions.	Prix.	Dimensions.	Prix.
0,75 s. 1,56	78f 75	0,78 s. 0,84	36f 80	0,78 s. 2,40	139f 65	0,81 s. 1,71	95f 55
1,59	79 80	0,87	38 48	2,43	141 75	1,74	97 65
1,62	81 90	0,90	40 37	2,46	143 85	1,77	99 75
1,65	84 00	0,93	42 05	2,49	145 95	1,80	101 85
1,68	85 05	0,96	43 83	2,52	148 05	1,83	103 95
1,71	87 15	0,99	45 83	2,55	150 15	1,86	106 05
1,74	89 25	1,02	47 61	2,58	152 25	1,89	108 15
1,77	91 35	1,05	49 45	2,61	154 35	1,92	110 25
1,80	92 40	1,08	51 50	2,64	156 45	1,95	112 35
1,83	94 50	1,11	53 55	2,67	159 60	1,98	114 45
1,86	96 60	1,14	55 65	2,70	161 70	2,01	116 55
1,89	98 70	1,17	57 75	2,73	163 80	2,04	118 65
1,92	100 80	1,20	59 85	2,76	165 90	2,07	120 75
1,95	102 90	1,23	61 95	2,79	169 05	2,10	123 90
1,98	103 95	1,26	64 05	2,82	171 15	2,13	126 00
2,01	106 05	1,29	65 10	2,85	173 25	2,16	128 10
2,04	108 15	1,32	67 20	2,88	175 35	2,19	130 20
2,07	110 25	1,35	69 30	2,91	178 50	2,22	132 30
2,10	112 35	1,38	71 40	2,94	180 60	2,25	134 40
2,13	114 45	1,41	72 45	2,97	182 70	2,28	136 50
2,16	115 50	1,44	74 55	3,00	184 80	2,31	138 60
2,19	118 65	1,47	76 65	3,03	187 95	2,34	141 75
2,22	119 70	1,50	78 75	0,81 s. 0,81	36 85	2,37	143 85
2,25	121 80	1,53	79 80	0,84	38 74	2,40	145 95
2,28	123 90	1,56	81 90	0,87	40 53	2,43	148 05
2,31	126 00	1,59	84 00	0,90	42 31	2,46	150 15
2,34	128 10	1,62	86 10	0,93	44 31	2,49	153 30
2,37	130 20	1,65	88 20	0,96	46 14	2,52	155 40
2,40	132 30	1,68	89 25	0,99	48 19	2,55	157 50
2,43	134 40	1,71	91 35	1,02	50 09	2,58	159 60
2,46	136 50	1,74	93 45	1,05	52 23	2,61	162 75
2,49	138 60	1,77	95 55	1,08	54 60	2,64	164 85
2,52	140 70	1,80	97 65	1,11	55 65	2,67	166 95
2,55	142 80	1,83	99 75	1,14	58 80	2,70	170 10
2,58	144 90	1,86	101 85	1,17	60 90	2,73	172 20
2,61	147 00	1,89	102 90	1,20	63 00	2,76	174 30
2,64	149 10	1,92	105 00	1,23	65 10	2,79	177 45
2,67	151 20	1,95	107 10	1,26	67 20	2,82	179 55
2,70	153 30	1,98	109 20	1,29	68 25	2,85	181 65
2,73	155 40	2,01	111 30	1,32	70 35	2,88	184 80
2,76	157 50	2,04	113 40	1,35	72 45	2,91	186 90
2,79	160 65	2,07	115 50	1,38	74 55	2,94	190 05
2,82	162 75	2,10	117 60	1,41	76 65	2,97	192 15
2,85	164 85	2,13	119 70	1,44	77 70	3,00	194 25
2,88	166 95	2,16	121 80	1,47	79 80	3,03	197 40
2,91	169 05	2,19	123 90	1,50	81 90	0,84 s. 0,84	40 58
2,94	171 15	2,22	126 00	1,53	84 00	0,87	42 57
2,97	174 30	2,25	128 10	1,56	86 10	0,90	44 46
3,00	176 40	2,28	130 20	1,59	88 20	0,93	46 56
3,03	178 50	2,31	132 30	1,62	90 30	0,96	48 45
0,78 s. 0,78	33 39	2,34	134 40	1,65	91 35	0,99	50 66
0,81	35 17	2,37	136 50	1,68	93 45	1,02	52 50

MIROITERIE.

Dimensions.	Prix.	Dimensions.	Prix.	Dimensions.	Prix.	Dimensions.	Prix.
0,90 s. 2,94	218f 40	0,93 s. 2,37	174f 15	0,96 s. 1,83	128f 10	0,99 s. 1,32	89f 25
2,97	221 55	2,40	174 30	1,86	131 25	1,35	94 35
3,00	223 65	2,43	177 45	1,89	133 35	1,38	94 50
3,03	226 80	2,46	179 55	1,92	136 50	1,41	96 60
0,93 s. 0,93	53 25	2,49	182 70	1,95	139 65	1,44	99 75
0,96	55 65	2,52	185 85	1,98	141 75	1,47	101 85
0,99	57 75	2,55	189 00	2,01	144 90	1,50	103 95
1,02	60 90	2,58	191 10	2,04	147 00	1,53	107 10
1,05	63 00	2,61	194 25	2,07	150 15	1,56	109 20
1,08	65 10	2,64	197 40	2,10	153 30	1,59	112 35
1,11	67 20	2,67	200 55	2,13	155 40	1,62	114 45
1,14	69 30	2,70	203 70	2,16	158 55	1,65	117 60
1,17	71 40	2,73	206 85	2,19	161 70	1,68	119 70
1,20	74 55	3,76	208 95	2,22	163 80	1,71	122 85
1,23	76 65	2,79	212 10	2,25	166 95	1,74	124 95
1,26	78 75	2,82	215 25	2,28	170 10	1,77	128 10
1,29	80 85	2,85	218 40	2,31	173 25	1,80	131 25
1,32	82 95	2,88	221 55	2,34	175 35	1,83	133 35
1,35	85 05	2,91	224 70	2,37	178 50	1,86	136 50
1,38	87 15	2,94	227 85	2,40	181 65	1,89	138 60
1,41	89 25	2,97	231 00	2,43	184 80	1,92	141 75
1,44	92 40	3,00	234 15	2,46	187 95	1,95	144 90
1,47	94 50	3,03	237 30	2,49	191 10	1,98	148 05
1,50	96 60	0,96 s. 0,96	58 80	2,52	193 20	2,01	150 15
1,53	98 70	0,99	60 90	2,55	196 35	2,04	153 30
1,56	101 85	1,02	63 00	2,58	199 50	2,07	156 45
1,59	103 95	1,05	66 15	2,61	202 65	2,10	158 55
1,62	106 05	1,08	68 25	2,64	205 80	2,13	161 70
1,65	108 15	1,11	70 35	2,67	208 95	2,16	164 85
1,68	111 30	1,14	72 45	2,70	212 10	2,19	168 00
1,71	113 40	1,17	74 55	2,73	215 25	2,22	171 15
1,74	115 50	1,20	76 65	2,76	218 40	2,25	174 30
1,77	118 65	1,23	78 75	2,79	221 55	2,28	176 40
1,80	120 75	1,26	81 90	2,82	224 70	2,31	179 55
1,83	123 90	1,29	84 00	2,85	227 85	2,34	182 70
1,86	126 00	1,32	86 10	2,88	231 00	2,37	185 85
1,89	128 10	1,35	88 20	2,91	234 15	2,40	189 00
1,92	131 25	1,38	91 35	2,94	238 35	2,43	192 15
1,95	133 35	1,41	93 45	2,97	241 50	2,46	195 30
1,98	136 50	1,44	95 55	3,00	244 65	2,49	198 45
2,01	138 60	1,47	97 65	3,03	247 80	2,52	201 60
2,04	144 25	1,50	100 80	0,99 s. 0,99	64 05	2,55	204 75
2,07	143 85	1,53	102 90	1,02	66 15	2,58	207 90
2,10	147 00	1,56	105 00	1,05	68 25	2,61	211 05
2,13	149 10	1,59	108 15	1,08	70 35	2,64	214 20
2,16	152 25	1,62	110 25	1,11	72 45	2,67	217 35
2,19	154 35	1,65	113 40	1,14	74 55	2,70	221 55
2,22	157 50	1,68	115 50	1,17	77 70	2,73	222 60
2,25	160 65	1,71	117 60	1,20	79 80	2,76	227 85
2,28	162 75	1,74	120 75	1,23	84 90	2,79	234 00
2,31	165 90	1,77	122 85	1,26	84 00	2,82	234 45
2,34	169 05	1,80	126 00	1,29	87 15	2,85	238 35

Dimensions.	Prix.	Dimensions.	Prix.	Dimensions.	Prix.	Dimensions.	Prix
0.99 s. 2,88	241f 50	1,02 s. 2,40	196f 35	1,05 s. 1,95	155f 40	1.08 s. 1,53	118f 65
2,91	244 65	2,43	199 50	1,98	158 55	1,56	121 80
2,94	247 80	2,46	202 65	2,01	161 70	1,59	124 95
2,97	252 00	2,49	206 85	2,04	164 85	1,62	128 10
3,00	255 15	2,52	210 00	2,07	168 00	1,65	131 25
3,03	258 30	2,55	213 45	2,10	171 15	1,68	133 35
1,02 s. 1,02	68 25	2,58	216 30	2,13	174 30	1,71	136 50
1,05	70 35	2,61	220 50	2,16	177 45	1,74	139 65
1,08	73 50	2,64	223 65	2,19	180 60	1,77	142 80
1,11	75 60	2,67	226 80	2,22	184 80	1,80	145 95
1,14	77 70	2,70	229 95	2,25	187 95	1,83	149 10
1,17	79 80	2,73	232 05	2,28	191 10	1,86	152 25
1,20	82 95	2,76	237 30	2,31	194 25	1,89	155 40
1,23	85 05	2,79	240 45	2,34	197 40	1,92	158 55
1,26	87 15	2,82	243 60	2,37	200 55	1,95	161 70
1,29	90 30	2,85	247 80	2,40	204 75	1,98	164 85
1,32	92 40	2,88	250 95	2,43	207 90	2,01	168 00
1,35	95 55	2,91	255 15	2,46	211 05	2,04	171 15
1,38	97 65	2,94	258 30	2,49	214 20	2,07	174 30
1,41	99 75	2,97	261 45	2,52	218 40	2,10	177 45
1,44	102 90	3,00	264 60	2,55	221 55	2,13	181 65
1,47	105 00	3,03	267 75	2,58	224 70	2,16	184 80
1,50	108 15	1,05 s. 1,05	73 50	2,61	228 90	2,19	187 95
1,53	111 30	1,08	75 60	2,64	232 05	2,22	191 10
1,56	113 40	1,11	77 70	2,67	236 25	2,25	194 25
1,59	116 55	1,14	80 85	2,70	239 40	2,28	198 45
1,62	118 65	1,17	82 95	2,73	244 50	2,31	201 60
1,65	121 60	1,20	85 05	2,76	246 75	2,34	204 75
1,68	124 95	1,23	88 20	2,79	249 90	2,37	208 95
1,71	127 05	1,26	90 30	2,82	254 10	2,40	212 10
1,74	130 20	1,29	93 45	2,85	257 25	2,43	215 25
1,77	133 35	1,32	95 55	2,88	260 40	2,46	219 45
1,80	135 45	1,35	98 70	2,91	263 55	2,49	222 60
1,83	138 60	1,38	100 80	2,94	267 75	2,52	226 80
1,86	141 75	1,41	103 95	2,97	270 90	2,55	229 95
1,89	143 85	1,44	107 40	3,00	274 05	2,58	234 15
1,92	147 00	1,47	109 20	3,03	277 20	2,61	237 30
1,95	150 15	1,50	112 35	1,08 s. 1,08	77 70	2,64	241 50
1,98	153 30	1,53	114 45	1,11	80 85	2,67	244 65
2,01	156 45	1,56	117 60	1,14	82 95	2,70	248 85
2,04	159 60	1,59	120 75	1,17	86 40	2,73	253 05
2,07	162 75	1,62	123 90	1,20	88 20	2,76	256 20
2,10	164 85	1,65	126 00	1,23	91 35	2,79	259 35
2,13	168 00	1,68	129 15	1,26	93 45	2,82	263 55
2,16	171 15	1,71	132 30	1,29	96 60	2,85	266 70
2,19	174 30	1,74	134 40	1,32	99 75	2,88	269 85
2,22	177 45	1,77	137 55	1,35	101 85	2,91	273 00
2,25	180 60	1,80	140 70	1,38	105 00	2,94	276 15
2,28	183 75	1,83	143 85	1,41	107 40	2,97	279 30
2,31	186 90	1,86	146 70	1,44	110 25	3,00	283 50
2,34	190 05	1,89	150 15	1,47	113 40	3,03	286 65
2,37	193 20	1,92	153 30	1,50	115 50	1.11 s. 1,14	82 95

Dimensions.	Prix.	Dimensions.	Prix.	Dimensions.	Prix.	Dimensions.	Prix.
1,11 s. 1,14	86f 10	1,11 s. 2,70	258f 30	1,14 s. 2,34	220f 50	1,47 s. 2,04	186f 90
1,17	88 20	2,73	261 45	2,37	224 70	2,04	190 05
1,20	91 35	2,76	264 60	2,40	227 85	2,07	194 25
1,23	94 50	2,79	268 80	2,43	232 05	2,10	197 40
1,26	96 60	2,82	271 95	2,46	236 25	2,13	201 60
1,29	99 75	2,85	275 10	2,49	239 40	2,16	204 75
1,32	102 90	2,88	278 25	2,52	243 60	2,19	208 95
1,35	105 05	2,91	282 45	2,55	247 80	2,22	213 15
1,38	108 15	2,94	285 60	2,58	252 00	2,25	216 30
1,41	111 30	2,97	288 75	2,61	255 15	2,28	220 50
1,44	114 45	3,00	292 95	2,64	259 35	2,31	224 70
1,47	117 60	3,03	296 10	2,67	262 50	2,34	227 85
1,50	119 70	1,14 s. 1,14	88 20	2,70	266 70	2,37	232 05
1,53	122 85	1,17	91 35	2,73	269 85	2,40	236 25
1,56	126 00	1,20	94 50	2,76	273 00	2,43	240 45
1,59	129 15	1,23	97 65	2,79	277 20	2,46	244 65
1,62	132 30	1,26	99 65	2,82	280 35	2,49	248 85
1,65	135 45	1,29	102 90	2,85	283 50	2,52	252 00
1,68	138 60	1,32	106 10	2,88	287 70	2,55	256 20
1,71	141 75	1,35	109 20	2,91	290 85	2,58	260 40
1,74	144 90	1,38	112 35	2,94	295 05	2,61	263 55
1,77	148 05	1,41	114 45	2,97	298 20	2,64	267 75
1,80	151 20	1,44	117 60	3,00	302 40	2,67	270 90
1,83	154 35	1,47	120 75	3,03	305 55	2,70	275 10
1,86	157 50	1,50	123 90	1,17 s. 1,17	94 50	2,73	278 25
1,89	160 65	1,53	127 05	1,20	97 65	2,76	282 45
1,92	163 80	1,56	130 20	1,23	100 80	2,79	285 60
1,95	167 00	1,59	133 35	1,26	102 90	2,82	288 75
1,98	171 15	1,62	136 50	1,29	106 05	2,85	292 95
2,01	174 30	1,65	139 65	1,32	109 20	2,88	297 15
2,04	177 45	1,68	142 80	1,35	112 35	2,91	300 30
2,07	180 60	1,71	145 95	1,38	115 50	2,94	304 50
2,10	184 80	1,74	150 15	1,41	118 65	2,97	307 65
2,13	187 95	1,77	153 30	1,44	121 80	3,00	311 85
2,16	191 10	1,80	156 45	1,47	124 95	3,03	315 00
2,19	195 30	1,83	159 60	1,50	128 40	1,20 s. 1,20	100 80
2,22	198 45	1,86	162 75	1,53	131 25	1,23	103 95
2,25	201 60	1,89	166 95	1,56	134 40	1,26	107 40
2,28	205 80	1,92	170 40	1,59	138 60	1,29	109 20
2,31	208 95	1,95	173 25	1,62	141 75	1,32	113 40
2,34	213 15	1,98	176 40	1,65	144 90	1,35	115 50
2,37	216 30	2,01	180 60	1,68	148 05	1,38	119 70
2,40	220 50	2,04	183 75	1,71	151 20	1,41	122 85
2,43	223 65	2,07	186 90	1,74	154 35	1,44	126 00
2,46	227 85	2,10	191 10	1,77	158 55	1,47	129 15
2,49	232 00	2,13	194 25	1,80	161 70	1,50	132 30
2,52	235 20	2,16	198 45	1,83	164 85	1,53	135 45
2,55	239 40	2,19	201 60	1,86	169 05	1,56	139 65
2,58	242 55	2,22	205 80	1,89	172 20	1,59	142 80
2,61	246 75	2,25	208 95	1,92	175 35	1,62	145 95
2,64	250 95	2,28	213 15	1,95	179 55	1,65	149 10
2,67	254 10	2,31	216 30	1,98	182 70	1,68	153 30

Dimensions.	Prix.	Dimensions.	Prix.	Dimensions.	Prix.	Dimensions.	Prix.
1,20 s. 1,71	156f 45	1,23 s. 1,44	130f 20	1,23 s. 3,00	330f 75	1,26 s. 2,76	308f 70
1,74	159 60	1,47	133 35	3,03	334 95	2,79	311 85
1,77	163 80	1,50	136 50	1,26 s. 1,26	113 40	2,82	316 05
1,80	166 95	1,53	139 65	1,29	116 55	2,85	320 25
1,83	171 15	1,56	143 85	1,32	119 70	2,88	324 45
1,86	174 30	1,59	147 00	1,35	123 90	2,91	328 65
1,89	177 45	1,62	150 15	1,38	127 05	2,94	332 85
1,92	181 65	1,65	154 35	1,41	130 20	2,97	337 05
1,95	184 80	1,68	157 50	1,44	133 35	3,00	341 25
1,98	189 00	1,71	161 70	1,47	137 55	3,03	345 45
2,01	193 20	1,74	164 85	1,50	140 70	1,29 s. 1,29	119 70
2,04	196 35	1,77	169 05	1,53	143 85	1,32	123 90
2,07	200 55	1,80	172 20	1,56	148 05	1,35	127 05
2,10	204 75	1,83	176 40	1,59	151 20	1,38	130 20
2,13	207 90	1,86	179 55	1,62	155 40	1,41	134 40
2,16	212 10	1,89	183 75	1,65	158 55	1,44	137 55
2,19	216 30	1,92	187 95	1,68	162 75	1,47	141 75
2,22	220 50	1,95	191 10	1,71	166 95	1,50	144 90
2,25	223 65	1,98	195 30	1,74	170 10	1,53	149 10
2,28	227 85	2,01	199 50	1,77	174 30	1,56	152 25
2,31	232 05	2,04	202 65	1,80	177 45	1,59	156 45
2,34	236 25	2,07	206 85	1,83	181 65	1,62	159 60
2,37	240 45	2,10	211 05	1,86	185 85	1,65	163 80
2,40	244 65	2,13	215 25	1,89	190 05	1,68	168 00
2,43	248 85	2,16	219 45	1,92	193 20	1,71	171 15
2,46	253 05	2,19	223 65	1,95	197 40	1,74	175 35
2,49	257 25	2,22	227 85	1,98	201 60	1,77	179 55
2,52	260 40	2,25	232 05	2,01	205 80	1,80	183 75
2,55	264 60	2,28	236 25	2,04	210 00	1,83	187 95
2,58	267 75	2,31	240 45	2,07	214 20	1,86	191 10
2,61	271 95	2,34	244 65	2,10	218 40	1,89	195 30
2,64	275 10	2,37	248 85	2,13	222 60	1,92	199 50
2,67	279 30	2,40	253 05	2,16	226 80	1,95	203 70
2,70	283 50	2,43	257 25	2,19	231 00	1,98	207 90
2,73	286 65	2,46	261 45	2,22	235 20	2,01	212 10
2,76	290 85	2,49	264 60	2,25	239 40	2,04	216 30
2,79	294 00	2,52	268 80	2,28	243 60	2,07	220 50
2,82	298 20	2,55	271 95	2,31	247 80	2,10	224 70
2,85	302 04	2,58	276 15	2,34	252 00	2,13	228 90
2,88	305 55	2,61	280 35	2,37	257 25	2,16	234 45
2,91	309 75	2,64	283 50	2,40	260 40	2,19	238 35
2,94	313 95	2,67	287 70	2,43	264 60	2,22	242 55
2,97	317 10	2,70	291 90	2,46	268 80	2,25	246 75
3,00	321 30	2,73	295 05	2,49	271 95	2,28	252 00
3,03	325 50	2,76	299 25	2,52	276 15	2,31	256 20
1,23 s. 1,23	107 10	2,79	303 45	2,55	280 35	2,34	260 40
1,26	110 25	2,82	307 65	2,58	284 55	2,37	264 60
1,29	113 40	2,85	310 80	2,61	287 70	2,40	267 75
1,32	116 50	2,88	315 00	2,64	291 90	2,43	271 95
1,35	119 70	2,91	319 20	2,67	296 10	2,46	276 15
1,38	122 85	2,94	323 40	2,70	300 30	2,49	280 35
1,41	126 00	2,97	327 60	2,73	304 50	2,52	284 55

Dimensions	Prix	Dimensions	Prix	Dimensions	Prix	Dimensions	Prix
1,29 s. 2,55	288f 75	1,32 s. 2,37	271f 95	1,35 s. 2,22	258f 30	1,33 s. 2,10	246f 75
2,58	291 90	2,40	275 10	2,25	262 50	2,13	250 95
2,61	296 10	2,43	279 30	2,28	266 70	2,16	256 20
2,64	300 30	2,46	283 50	2,31	270 90	2,19	260 40
2,67	304 50	2,49	287 70	2,34	275 10	2,22	264 60
2,70	308 70	2,52	291 90	2,37	279 30	2,25	268 80
2,73	312 90	2,55	296 10	2,40	283 50	2,28	273 00
2,76	317 10	2,58	300 30	2,43	287 70	2,31	277 20
2,79	322 35	2,61	304 50	2,46	291 90	2,34	282 45
2,82	325 50	2,64	308 70	2,49	296 10	2,37	286 65
2,85	329 70	2,67	312 90	2,52	300 30	2,40	290 85
2,88	333 90	2,70	317 10	2,55	304 50	2,43	295 05
2,91	338 10	2,73	321 30	2,58	308 70	2,46	299 25
2,94	342 30	2,76	326 55	2,61	312 90	2,49	303 45
2,97	346 50	2,79	330 75	2,64	317 10	2,52	308 70
3,00	350 70	2,82	334 95	2,67	322 35	2,55	312 90
3,03	354 90	2,85	339 15	2,70	326 50	2,58	317 10
1,32 s. 1,32	127 05	2,88	343 35	2,73	330 75	2,61	321 30
1,35	131 25	2,91	347 55	2,76	334 95	2,64	326 55
1,38	134 40	2,94	351 75	2,79	339 15	2,67	330 75
1,41	138 60	2,97	357 00	2,82	344 40	2,70	334 95
1,44	141 75	3,00	361 20	2,85	348 60	2,73	339 15
1,47	145 95	3,03	365 40	2,88	352 80	2,76	344 40
1,50	149 10	1,35 s. 1,35	134 40	2,91	357 00	2,79	348 60
1,53	153 30	1,38	138 60	2,94	362 25	2,82	353 85
1,56	156 45	1,41	141 75	2,97	366 45	2,85	358 05
1,59	160 65	1,44	145 95	3,00	370 65	2,88	362 25
1,62	164 85	1,47	150 15	3,03	375 90	2,91	367 50
1,65	169 05	1,50	153 30	1,38 s. 1,38	141 75	2,94	371 70
1,68	173 25	1,53	157 50	1,41	145 95	2,97	376 95
1,71	176 40	1,56	161 70	1,44	150 15	3,00	381 15
1,74	180 60	1,59	165 90	1,47	154 35	3,03	386 40
1,77	184 80	1,62	170 10	1,50	157 50	1,41 s. 1,41	150 15
1,80	189 00	1,65	174 30	1,53	162 75	1,44	154 35
1,83	193 20	1,68	177 45	1,56	165 90	1,47	158 55
1,86	197 40	1,71	181 65	1,59	170 10	1,50	162 75
1,89	201 60	1,74	185 85	1,62	174 30	1,53	166 95
1,92	205 80	1,77	190 05	1,65	178 50	1,56	171 15
1,95	210 00	1,80	194 25	1,68	182 70	1,59	175 35
1,98	214 20	1,83	199 50	1,71	186 90	1,62	179 55
2,01	219 45	1,86	203 70	1,74	192 15	1,65	183 75
2,04	223 65	1,89	207 90	1,77	196 35	1,68	187 95
2,07	227 85	1,92	212 10	1,80	200 55	1,71	193 20
2,10	232 05	1,95	216 30	1,83	204 75	1,74	197 40
2,13	236 25	1,98	221 50	1,86	208 95	1,77	201 60
2,16	241 50	2,01	225 75	1,89	214 20	1,80	205 80
2,19	245 70	2,04	229 95	1,92	218 40	1,83	211 05
2,22	250 95	2,07	235 20	1,95	223 65	1,86	215 25
2,25	255 15	2,10	239 40	1,98	227 85	1,89	220 50
2,28	259 35	2,13	243 60	2,01	231 05	1,92	224 70
2,31	263 55	2,16	248 85	2,04	237 30	1,95	229 95
2,34	267 75	2,19	253 05	2,07	241 50	1,98	234 15

Dimensions.	Prix.	Dimensions.	Prix.	Dimensions.	Prix.	Dimensions.	Prix.
1,41 s. 2,01	239f 40	1,44 s. 1,95	230f 25	1,47 s. 1,92	238f 35	1,50 s. 1,92	244f 65
2,04	243 60	1,98	241 50	1,95	242 55	1,95	249 90
2,07	248 85	2,01	245 70	1,98	247 80	1,98	255 15
2,10	254 10	2,04	250 95	2,01	253 05	2,01	260 40
2,13	258 30	2,07	256 20	2,04	258 30	2,04	264 60
2,16	263 55	2,10	260 40	2,07	262 50	2,07	268 80
2,19	267 75	2,13	265 65	2,10	267 75	2,10	274 05
2,22	271 95	2,16	269 85	2,13	271 95	2,13	278 25
2,25	276 15	2,19	274 05	2,16	276 15	2,16	283 50
2,28	280 35	2,22	278 25	2,19	281 40	2,19	287 70
2,31	284 55	2,25	283 50	2,22	285 60	2,22	292 95
2,34	288 75	2,28	287 70	2,25	289 80	2,25	297 15
2,37	294 00	2,31	291 90	2,28	295 05	2,28	302 40
2,40	298 20	2,34	297 15	2,31	299 25	2,31	306 60
2,43	302 40	2,37	301 35	2,34	304 50	2,34	311 85
2,46	307 65	2,40	305 55	2,37	308 70	2,37	316 05
2,49	311 85	2,43	310 80	2,40	313 95	2,40	321 30
2,52	316 05	2,46	315 00	2,43	318 15	2,43	326 55
2,55	321 30	2,49	320 25	2,46	323 40	2,46	330 75
2,58	325 50	2,52	324 45	2,49	327 60	2,49	336 00
2,61	329 70	2,55	329 70	2,52	332 85	2,52	341 25
2,64	334 95	2,58	333 90	2,55	337 05	2,55	346 50
2,67	339 15	2,61	338 10	2,58	342 30	2,58	350 70
2,70	344 40	2,64	343 35	2,61	347 55	2,61	355 95
2,73	348 60	2,67	348 60	2,64	351 75	2,64	361 20
2,76	353 85	2,70	352 80	2,67	357 00	2,67	366 45
2,79	358 05	2,73	358 50	2,70	362 25	2,70	370 65
2,82	363 30	2,76	362 25	2,73	367 50	2,73	375 90
2,85	367 50	2,79	367 50	2,76	371 70	2,76	381 15
2,88	372 75	2,82	372 75	2,79	376 95	2,79	386 40
2,91	376 95	2,85	376 95	2,82	382 20	2,82	391 65
2,94	382 20	2,88	382 20	2,85	386 40	2,85	396 90
2,97	386 40	2,91	387 45	2,88	391 65	2,88	402 15
3,00	391 65	2,94	391 65	2,91	396 90	2,91	407 40
3,03	396 90	2,97	396 90	2,94	402 15	2,94	412 65
1,44 s. 1,44	158 55	3,00	402 15	2,97	407 40	2,97	417 90
1,47	162 75	3,03	407 40	3,00	412 65	3,00	423 15
1,50	168 00	1,47 s. 1,47	166 95	3,03	417 90	3,03	428 40
1,53	171 15	1,50	171 15	1,50 s. 1,50	176 40	1,53 s. 1,53	185 85
1,56	175 35	1,53	176 40	1,53	180 60	1,56	190 05
1,59	179 55	1,56	180 60	1,56	184 80	1,59	195 30
1,62	184 85	1,59	184 80	1,59	190 05	1,62	199 50
1,65	189 00	1,62	190 05	1,62	194 25	1,65	204 75
1,68	193 20	1,65	194 25	1,65	199 50	1,68	210 00
1,71	198 45	1,68	198 45	1,68	204 75	1,71	215 25
1,74	202 65	1,71	203 70	1,71	208 95	1,74	220 50
1,77	207 90	1,74	207 90	1,74	214 20	1,77	224 70
1,80	212 10	1,77	213 15	1,77	219 45	1,80	229 95
1,83	217 35	1,80	218 40	1,80	223 65	1,83	235 20
1,86	221 50	1,83	223 65	1,83	228 90	1,86	240 45
1,89	226 80	1,86	227 85	1,86	234 15	1,89	245 70
1,92	231 00	1,89	233 10	1,89	239 40	1,92	250 95

Dimensions	Prix	Dimensions	Prix	Dimensions	Prix	Dimensions	Prix
1,53 s. 1,95	256f 20	1,56 s. 2,01	271f 95	1,59 s. 2,10	292f 95	1,62 s. 2,22	321f 30
1,98	261 45	2,04	277 20	2,13	298 20	2,25	326 55
2,01	265 65	2,07	282 45	2,16	303 45	2,28	331 80
2,04	270 90	2,10	286 65	2,19	308 70	2,31	337 05
2,07	275 10	2,13	291 90	2,22	343 95	2,34	342 30
2,10	280 35	2,16	297 15	2,25	319 20	2,37	347 55
2,13	284 55	2,19	301 35	2,28	324 45	2,40	352 80
2,16	289 80	2,22	306 60	2,31	329 70	2,43	358 05
2,19	295 05	2,25	311 85	2,34	334 45	2,46	364 35
2,22	299 25	2,28	317 10	2,37	340 20	2,49	369 60
2,25	304 50	2,31	321 30	2,40	345 45	2,52	374 85
2,28	309 75	2,34	326 55	2,43	350 70	2,55	380 10
2,31	313 95	2,37	331 80	2,46	355 95	2,58	385 35
2,34	319 20	2,40	337 05	2,49	361 20	2,61	391 65
2,37	324 45	2,43	342 30	2,52	366 45	2,64	396 90
2,40	329 70	2,46	347 55	2,55	371 70	2,67	402 45
2,43	333 90	2,49	352 80	2,58	376 95	2,70	408 45
2,46	339 15	2,52	358 05	2,61	382 20	2,73	413 70
2,49	344 40	2,55	363 30	2,64	387 45	2,76	420 00
2,52	349 65	2,58	368 55	2,67	393 75	2,79	425 25
2,55	354 90	2,61	373 80	2,70	399 00	2,82	430 50
2,58	359 10	2,64	379 05	2,73	404 25	2,85	436 80
2,61	364 35	2,67	384 30	2,76	409 50	2,88	443 10
2,64	369 60	2,70	389 55	2,79	445 80	2,91	448 35
2,67	374 85	2,73	394 80	2,82	424 05	2,94	454 65
2,70	380 10	2,76	400 05	2,85	426 30	2,97	459 90
2,73	385 35	2,79	405 30	2,88	432 60	3,00	466 20
2,76	390 60	2,82	411 60	2,91	437 85	3,03	474 45
2,79	395 85	2,85	416 85	2,94	444 15	1,65 s. 1,65	226 80
2,82	404 10	2,88	422 10	2,97	449 90	1,68	232 05
2,85	406 35	2,91	427 35	3,00	454 65	1,71	238 35
2,88	411 60	2,94	433 65	3,03	460 95	1,74	243 60
2,91	417 90	2,97	438 90	1,62 s. 1,62	215 25	1,77	248 85
2,94	423 15	3,00	444 15	1,65	224 50	1,80	255 15
2,97	428 40	3,03	449 40	1,68	226 80	1,83	260 40
3,00	433 65	1,59 s. 1,59	204 75	1,71	232 05	1,86	265 65
3,03	438 90	1,62	210 00	1,74	237 30	1,89	270 90
1,56 s. 1,56	195 30	1,65	245 25	1,77	242 55	1,92	275 10
1,59	200 55	1,68	220 50	1,80	248 85	1,95	280 35
1,62	204 75	1,71	225 75	1,83	254 10	1,98	285 60
1,65	240 00	1,74	234 00	1,86	259 35	2,01	290 85
1,68	245 25	1,77	237 30	1,89	264 60	2,04	296 40
1,71	220 50	1,80	242 55	1,92	269 85	2,07	301 35
1,74	225 75	1,83	247 80	1,95	275 40	2,10	306 60
1,77	231 00	1,86	253 05	1,98	279 30	2,13	314 85
1,80	236 25	1,89	259 35	2,01	284 55	2,16	317 40
1,83	244 50	1,92	263 55	2,04	289 80	2,19	323 40
1,86	246 75	1,95	268 80	2,07	295 05	2,22	328 65
1,89	252 00	1,98	274 05	2,10	300 30	2,25	333 90
1,92	258 30	2,01	278 25	2,13	305 55	2,28	339 45
1,95	262 50	2,04	283 50	2,16	310 80	2,31	344 40
1,98	267 75	2,07	288 75	2,19	316 05	2,34	349 65

Dimensions.		Prix.
1,65 s.	2,37	355f 95
	2,40	361 20
	2,43	366 45
	2,46	371 70
	2,49	378 00
	2,52	383 25
	2,55	388 50
	2,58	394 80
	2,61	400 05
	2,64	406 35
	2,67	411 60
	2,70	417 90
	2,73	423 15
	2,76	429 45
	2,79	435 75
	2,82	441 00
	2,85	447 30
	2,88	452 55
	2,91	458 85
	2,94	465 15
	2,97	471 45
	3,00	476 70
	3,03	483 00
1,68 s.	1,68	238 35
	1,71	243 60
	1,74	249 90
	1,77	255 15
	1,80	260 40
	1,83	265 65
	1,86	270 90
	1,89	276 15
	1,92	281 40
	1,95	286 65
	1,98	291 90
	2,01	297 15
	2,04	302 40
	2,07	308 70
	2,10	313 95
	2,13	319 20
	2,16	324 45
	2,19	329 70
	2,22	334 95
	2,25	341 25
	2,28	346 50
	2,31	351 75
	2,34	358 05
	2,37	363 30
	2,40	369 60
	2,43	374 85
	2,46	380 10
	2,49	386 40
	2,52	391 65
1,68 s.	2,55	397f 95
	2,58	403 20
	2,61	409 50
	2,64	415 80
	2,67	421 05
	2,70	427 35
	2,73	433 65
	2,76	438 90
	2,79	445 20
	2,82	451 50
	2,85	456 75
	2,88	463 05
	2,91	469 35
	2,94	475 65
	2,97	481 95
	3,00	488 25
	3,03	494 55
1,71 s.	1,71	249 90
	1,74	255 15
	1,77	261 45
	1,80	266 70
	1,83	271 95
	1,86	277 20
	1,89	282 45
	1,92	287 70
	1,95	292 95
	1,98	298 20
	2,01	303 45
	2,04	309 75
	2,07	315 00
	2,10	320 25
	2,13	326 55
	2,16	331 80
	2,19	337 05
	2,22	342 30
	2,25	348 60
	2,28	353 85
	2,31	360 15
	2,34	365 40
	2,37	371 70
	2,40	376 95
	2,43	383 25
	2,46	388 50
	2,49	394 80
	2,52	401 10
	2,55	406 35
	2,58	412 65
	2,61	418 95
	2,64	424 20
	2,67	430 50
	2,70	436 80
	2,73	443 10
1,71 s.	2,76	449f 40
	2,79	456 75
	2,82	462 00
	2,85	467 25
	2,88	473 55
	2,91	479 85
	2,94	487 20
	2,97	492 45
	3,00	498 75
	3,03	506 10
1,74 s.	1,74	261 45
	1,77	266 70
	1,80	271 95
	1,83	277 20
	1,86	282 45
	1,89	287 70
	1,92	294 00
	1,95	299 25
	1,98	304 50
	2,01	310 80
	2,04	316 05
	2,07	321 30
	2,10	327 60
	2,13	332 85
	2,16	338 10
	2,19	344 40
	2,22	350 70
	2,25	355 95
	2,28	362 25
	2,31	367 50
	2,34	373 80
	2,37	379 05
	2,40	385 35
	2,43	391 65
	2,46	397 95
	2,49	403 20
	2,52	409 50
	2,55	415 80
	2,58	422 10
	2,61	428 40
	2,64	433 65
	2,67	439 95
	2,70	446 25
	2,73	452 55
	2,76	458 85
	2,79	465 15
	2,82	471 45
	2,85	477 75
	2,88	485 10
	2,91	491 40
	2,94	497 70
	2,97	504 00
1,74 s.	3,00	510f 30
	3,03	516 60
1,77 s.	1,77	271 95
	1,80	277 20
	1,83	278 25
	1,86	288 75
	1,89	294 00
	1,92	299 25
	1,95	305 55
	1,98	310 80
	2,01	317 10
	2,04	322 35
	2,07	328 65
	2,10	333 90
	2,13	340 20
	2,16	345 45
	2,19	351 75
	2,22	357 00
	2,25	363 30
	2,28	369 60
	2,31	375 90
	2,34	381 15
	2,37	387 45
	2,40	393 75
	2,43	400 05
	2,46	406 35
	2,49	411 60
	2,52	418 95
	2,55	424 20
	2,58	430 50
	2,61	436 80
	2,64	443 10
	2,67	449 40
	2,70	455 70
	2,73	463 05
	2,76	469 35
	2,79	475 65
	2,82	481 95
	2,85	488 25
	2,88	495 60
	2,91	501 90
	2,94	508 20
	2,97	514 50
	3,00	521 85
	3,03	528 15
1,80 s.	1,80	283 50
	1,83	292 95
	1,86	294 00
	1,89	300 30
	1,92	305 55
	1,95	311 85
	1,98	317 10

Dimensions	Prix
1,80 s. 2,01	328 40
2,04	329 70
2,07	334 95
2,10	341 25
2,13	346 50
2,16	352 80
2,19	359 60
2,22	365 40
2,25	370 65
2,28	376 95
2,31	383 25
2,34	389 25
2,37	395 85
2,40	402 15
2,43	408 45
2,46	414 75
2,49	421 05
2,52	427 35
2,55	433 65
2,58	439 95
2,61	446 25
2,64	452 55
2,67	459 90
2,70	466 20
2,73	472 50
2,76	478 80
2,79	486 15
2,82	492 45
2,85	498 75
2,88	506 10
2,91	512 40
2,94	519 75
2,97	526 05
3,00	533 40
3,03	539 70
1,83 s. 1,83	295 05
1,86	300 30
1,89	306 60
1,92	311 85
1,95	318 15
1,98	324 45
2,01	329 70
2,04	336 00
2,07	342 30
2,10	347 55
2,13	353 85
2,16	360 15
2,19	366 45
2,22	372 75
2,25	379 05
2,28	385 35
2,31	391 65

Dimensions	Prix
1,83 s. 2,34	397 95
2,37	404 25
2,40	410 55
2,43	416 85
2,46	423 15
2,49	429 45
2,52	436 80
2,55	443 10
2,58	449 40
2,61	455 70
2,64	463 05
2,67	469 35
2,70	475 65
2,73	483 00
2,76	489 30
2,79	496 65
2,82	502 95
2,85	510 30
2,88	516 60
2,91	523 95
2,94	530 25
2,97	537 60
3,00	544 95
3,03	551 25
1,86 s. 1,86	306 60
1,89	311 85
1,92	318 15
1,95	324 45
1,98	330 75
2,01	336 00
2,04	342 30
2,07	348 60
2,10	354 90
2,13	361 20
2,16	367 50
2,19	373 80
2,22	380 10
2,25	386 40
2,28	392 70
2,31	399 00
2,34	405 30
2,37	412 65
2,40	418 95
2,43	425 25
2,46	431 55
2,49	438 90
2,52	445 20
2,55	451 50
2,58	458 85
2,61	465 15
2,64	472 50
2,67	478 80

Dimensions	Prix
1,86 s. 2,70	486 15
2,73	492 45
2,76	499 80
2,79	506 10
2,82	513 45
2,85	520 80
2,88	527 40
2,91	534 45
2,94	541 80
2,97	549 15
3,00	556 50
3,03	563 85
1,89 s. 1,89	318 45
1,92	324 45
1,95	330 75
1,98	337 05
2,01	343 35
2,04	349 65
2,07	355 95
2,10	362 25
2,13	368 55
2,16	374 85
2,19	381 15
2,22	387 45
2,25	393 75
2,28	400 05
2,31	407 40
2,34	413 70
2,37	420 00
2,40	427 35
2,43	433 65
2,46	441 00
2,49	447 30
2,52	454 65
2,55	460 95
2,58	468 30
2,61	474 60
2,64	481 95
2,67	489 30
2,70	495 60
2,73	502 95
2,76	510 30
2,79	517 65
2,82	523 95
2,85	531 30
2,88	538 65
2,91	546 00
2,94	553 35
2,97	560 70
3,00	568 05
3,03	575 40
1,92 s. 1,92	330 75

Dimensions	Prix
1,92 s. 1,95	337 05
1,98	343 35
2,01	349 65
2,04	355 95
2,07	362 25
2,10	369 60
2,13	375 90
2,16	382 20
2,19	388 50
2,22	395 85
2,25	402 15
2,28	408 45
2,31	415 80
2,34	422 10
2,37	429 45
2,40	435 75
2,43	443 10
2,46	449 40
2,49	456 75
2,52	463 05
2,55	470 40
2,58	477 75
2,61	485 10
2,64	491 40
2,67	498 75
2,70	506 10
2,73	513 45
2,76	519 75
2,79	527 10
2,82	534 45
2,85	542 85
2,88	549 15
2,91	557 55
2,94	564 90
2,97	572 25
3,00	579 60
3,03	586 95
1,95 s. 1,95	343 35
1,98	349 65
2,01	355 95
2,04	363 30
2,07	369 60
2,10	375 90
2,13	383 25
2,16	389 55
2,19	396 90
2,22	403 20
2,25	409 50
2,28	416 85
2,31	423 15
2,34	430 50
2,37	437 85

		2,34	431 65	2,2[7]	[illegible]
		2,34	438 90	2,2[8]	[illegible]
	[illegible]	2,37	446 25	2,3[1]	43[9] [illegible]
	510 65	2,40	452 55	2,34	447 [30]
[illegible]	467 20	2,43	459 90	2,34	447 30
[illegible]	491 65	2,46	467 25	2,37	454 65
[illegible]	500 85	2,49	474 60	2,40	462 00
[illegible]	508 20	2,52	481 95	2,43	469 35
2,70	518 55	2,55	489 30	2,46	476 70
2,7[3]	523 95	2,58	496 65	2,49	484 05
2,76	531 30	2,61	504 00	2,52	491 40
2,79	538 65	2,64	511 35	2,55	498 75
2,82	546 00	2,67	518 70	2,58	506 10
2,85	553 35	2,70	526 05	2,61	513 45
2,88	560 70	2,73	533 40	2,64	520 80
2,94	568 05	2,76	541 80	2,67	529 20
2,94	576 45	2,79	549 15	2,70	536 55
2,97	583 80	2,82	556 50	2,73	543 90
3,00	591 15	2,85	563 85	2,76	552 30
3,03	598 50	2,88	572 25	2,79	559 65
1,08	357 00	2,91	579 60	2,82	667 00
2,01	363 30	2,94	588 00	2,85	575 40
2,04	369 60	2,97	595 35	2,88	582 75
2,07	376 95	3,00	602 70	2,91	591 15
2,10	383 25	3,03	641 40	2,94	599 55
2,13	390 60	2,01 s,2,01	369 60	2,97	606 90
2,16	396 90	2,04	376 95	3,00	615 30
2,19	404 25	2,07	384 30	3,03	623 70
2,22	410 55	2,10	390 60	2,04 s,2,04	384 30
2,22	410 55	2,13	397 95	2,07	390 60
2,25	417 90	2,16	404 25	2,10	397 95

...dres de 2ᵐᵉ qualité non étamées, fournies et posées par les cou-
roitiers, en place, rabais de 5 pour °/₀ sur les prix ci-
dessus . . . .

Id. 3ᵐᵉ qualité, rabais de 10 pour °/₀ sur les mêmes prix. . . .